東山広幸 著

有機野菜ビックリ教室

米ヌカ・育苗・マルチを使いこなす

農文協

そろったジャガイモがゴロゴロとれる

クズイモばかりになりやすいキタアカリは大きな種イモ(上)を小さく切って(下)疎植にする。逆に大きくなりやすいワセシロは小さな種イモを2つ切りにして密植する

雑草は全面マルチで抑え込む。形や味をよくするには、収穫期にはコヤシが切れること。元肥に速効性の魚粉を使うおかげで、茎葉の遅伸びも見られず、ウネ間もすっきり

ご覧のとおり、そろったイモがゴロゴロ(ジャガイモのつくり方は104ページ)

味自慢の野菜がズラリ

端境期の９月の宅配野菜。
トマト、ナス、オクラ、
ピーマン、青ジソ、ネギ、
タマネギ、クウシンサイなど
（赤松富仁撮影、Aも）

宅配野菜を持つ筆者。
福島県いわき市内のお
客さんに週２日、野菜
を直接届けている（A）

１０月の宅配野菜。
キャベツ、ニンジン、ネギ、タマネギ、ジャガイモ、
サトイモ、サツマイモ、ちぢみ菜、ピーマン、カボチャなど

畑の味自慢野菜たち

甘味が強く生で食べられるタマネギ(122ページ)

ナスは米ヌカと魚粉の追肥で長くとれる(55ページ)

冬の菜っ葉類は糖度が高く味も濃厚(78ページ)

適期収穫でうまさ抜群のグリーンピース(66ページ)

サトイモは苗で早植えし、疎植、多肥、多かん水で多収できる(114ページ)

タネ播きも含めて虫よけネットの中で育てると、こんなにきれいなキャベツに(85ページ)

何でも育苗で初期生育を守る

ペーパーポット苗はつまんで苗をとれるので、植え付けが早い。紙筒で支えられているので、根張りが小さいうちでも崩れない。手で持っているのは、ちぢみ菜

ホウレンソウも苗をつくって植える。収穫時に雑草がからまないので、茎葉が傷まない

サトイモも育苗して植えると、生育期間が長くなり、たくさんとれる

穴あきマルチに大苗植えで、草に負けない

初期生育が遅く、草に負けやすいネギは、ペーパーポットで育てた大苗を穴あきマルチに仮植する

長さ60cm前後、太さ1cmほどまで育ててから本圃に定植するから、あとの管理が断然ラクになる。定植するときはバラさず、5～6本まとめて植える

マルチの鏡面仕上げで害虫を近寄らせない

マルチを張る前にまず鎮圧。ウネをつくったら、トンボで叩いていく。マルチは、日差しが強く日光の熱でフィルムが伸びているときに土でとめていく

マルチを押さえるときは、マルチの端に2回土をのせたら足を移動させながら鍬の刃に体重をグッとかける(左)。一般的なやり方だとシワだらけ(右)

顔が映り込むほど、ピンと張ったマルチ。これでカボチャのウリハムシ、テントウムシダマシなどの被害が圧倒的に減る(42ページ)

全面マルチで草引きも中耕も不要で、雑草退治

ジャガイモの場合。あらかじめ、ウネ幅よりも広いマルチをかけておき、ジャガイモの葉が茂った頃、マルチどめに置いた土の上に雑草が生えてきたら……

マルチのすそに手を突っ込んで剥がしていく

両隣のマルチのすそを重ね、ピンで固定すれば、全面マルチの出来上がり。草はこれで完全に抑えられ、草の根でマルチに穴をあけられることもない（107ページ）

全面マルチはサツマイモでも効果を発揮。雑草を抑える他にも、やっかいなコガネムシが卵を産みつけることができず、被害をほぼ抑えられるので、きれいなイモに（42、112ページ）

米ヌカの通路すき込みで草抑え、肥切れなし

カボチャのトンネル栽培。肥切れなしで、このとおり収量もあがる

カボチャの定植直後にウネ間に米ヌカを振って耕耘しておくと、しばらく草が生えず、実が太る頃に肥料が効いてくれる（米ヌカ予肥、36ページ）

速効性肥料の魚粉（削り節の粉）は、追肥でもすぐに効いてくれる

根まわりの環境を整え、肥効を長持ちさせるのには、モミガラ堆肥が欠かせない。私はほぼこの米ヌカ、魚粉、モミガラ堆肥だけで野菜をつくる

はじめに　チマチマ百姓こそ二十一世紀の農業

私は現在、福島県いわき市の山間部で百姓をやっているが、もともとは北海道の稲作専業農家の生まれで、末っ子だったが後継ぎとして育てられた。諸事情のため、私が小学校卒業のときあっけなく離農してしまったのだが、大面積での農業がどういうものかは実感として理解している。当時の農家は所得面では悪くなかったが、同じ仕事が延々と続き、心身ともに相当な負担がかかる。機械投資も高額になるから、どうしても少品目の専作にならざるを得ない。少品目を大面積で連作すれば、生態系が不安定になるから、多農薬栽培を余儀なくされ、ますます収益が悪化する……。農業の大規模化は政府が一貫して推進するものだが、こんな農業がおもしろいわけがないし、特に新規就農者が目指す農業形態としてはあまりにもリスクが大きく、ムリがある。

私が大学院生だったとき、学生寮の隣にあった藪を開墾して畑にした。わずか五〇坪にも満たない畑だったが、子どもの頃、畑の管理をしていたおかげで、野菜つくりはそこそこうまくいき、ジャガイモ、カボチャ、トウモロコシなど二〇種類以上の野菜をつくって、半自給生活を送っていた。大学での研究生活も充実していたが、結局これがきっかけで百姓を一生の仕事にすることに決めた。

ただ、農家の経験のある母はもちろん、周囲も猛反対。共感してくれたのはバイト先のオヤジさんぐらいで、「農業で生活できるわけがない」というのが大半の意見だった。けれど私には成算があった——百姓は個々の家庭で消費するものをつくるのだから、売り先さえ開拓すれば収入は確保できるはずだ——。そのためには安全な無農薬栽培で、多品目の野菜をつくることである。少量・多品目の露地中心の栽培なら、生態系も安定して無農薬栽培も難しくないはずだ。数々の失敗はあったが、基本的にこの考えは今も変わらない。

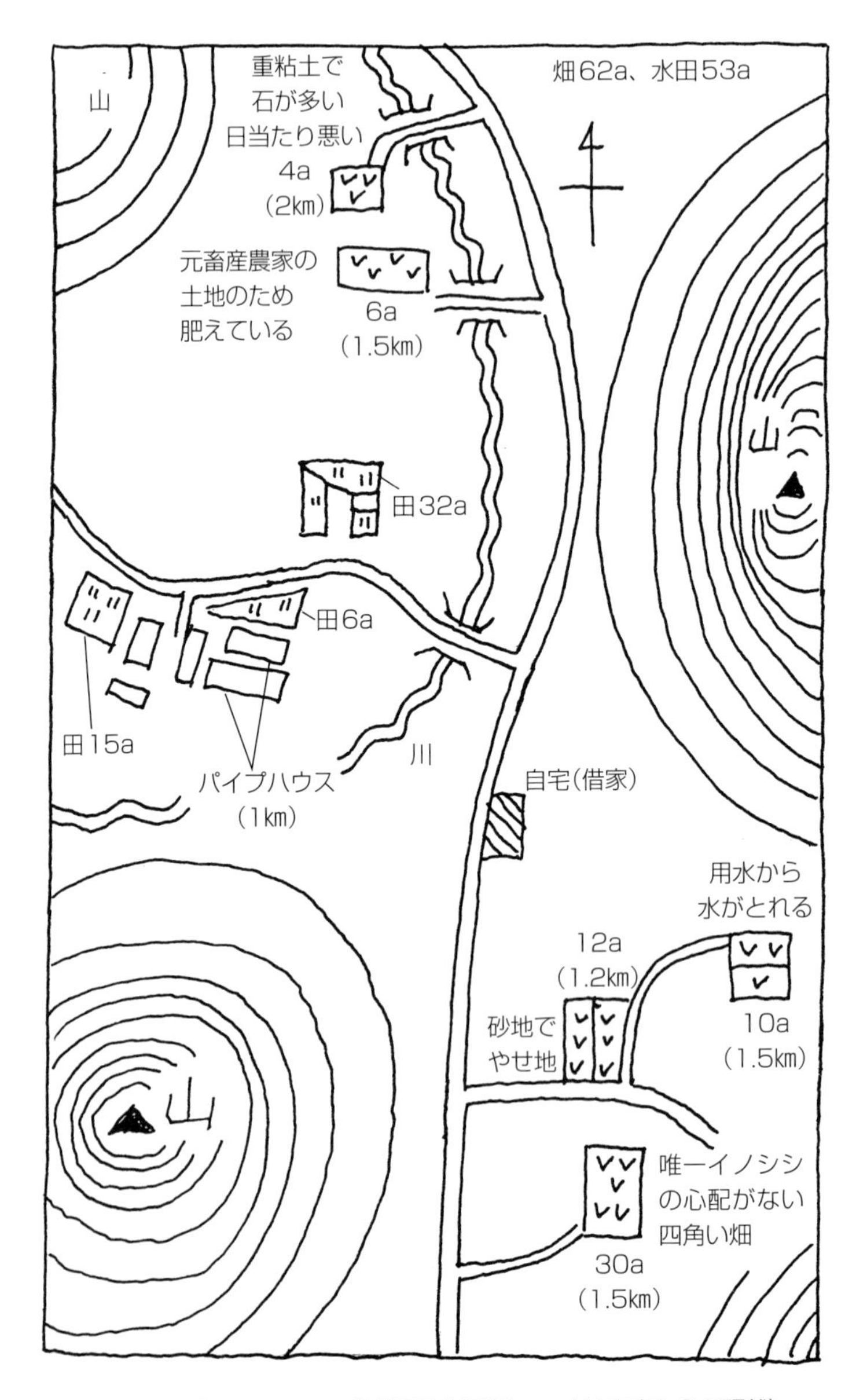

じぷしい農園のチマチマ農地見取り図（カッコ内は自宅からの距離）

そして、こうしたチマチマ農業はそれ以外にも非常にメリットが多いのがわかった。何より仕事がおもしろいこと。多くの野菜をつくるので忙しいが、家庭菜園的楽しさがある。また、ひとつの仕事が長く続かないので、仕事に飽きないし、体にもムリが少ない。露地栽培中心なので、冬にはそこそこ時間的余裕がある。人の体には体内時計だけでなく、「体内暦」もあるようで、本来は休息期間の冬まで夏のように働くと必ずガタがくるものだ。

私の場合、百姓二年目の夏から無農薬野菜の直売や宅配を始め、今は市内の宅配が中心である。直売所での販売もいいが、宅配のほうが安定して販売できる。年間通して野菜をそろえなくてはいけないという高いハードルがあるが、定期的に購入してくれるお得意さんがあるというのは絶対的な強みである。ただし、「安全」ということで買ってくれるのは最初のうちだけで、最後は「味」である。味がよくなければ、とり続けてもらえないと思っていい。味で納得してもらえれば、口コミでお客さんは増やしてもらえる。私は二十数年間、自分で客の開拓をしたことが一度もない。お客さんにとって「安全」は前提。要はうまい野菜をいかに安定して有機栽培でつくれるかが勝負どころである。

百姓を始めて三〇年近く、百姓の収入だけで奨学金三〇〇万円あまりを返済し、家族の生活をやりくりしてきた。はっきりいって、今の時代百姓だけで生計を立てるのは、東大に合格するよりも難しいかもしれない。知識と技術と気力と体力がそろわなくては百姓生活は維持できないからだ。でも自分の体と脳ミソはタダだから、この本をご覧になった皆さんも、目いっぱい使ってこの難題を乗り越えてみてはどうだろう？　その困難を突破するための参考書として、本書が少しでも役に立てば幸いである。

二〇一五年　五月

東山　広幸

目次

第3章 果菜類・マメ類のつくり方

第4章 葉菜類のつくり方

第5章 根茎菜類のつくり方

第6章 百姓の収入だけで生活していくノウハウ

第1章

無農薬有機栽培のしくみ

▼▼有機栽培は難しくない

一般に無農薬・無化学肥料による有機栽培は難しいものと思われている。だが、自然の論理を理解すれば、一、二の例外を除いて有機栽培は決して難しくない。コメでも野菜でも栽培する上での支障は被害程度の大きい順に、一に雑草害、二に虫害、三に病害である（この他鳥獣害もある）。どれも自然の論理（「神」と置き換えてもいいだろう）がブナ林（西日本なら照葉樹林）に戻そうとして派遣してきた刺客である。私たちが栽培する野菜はどれも、本来の生態系にとってはエイリアンでしかないから、こうしたさまざまな刺客と戦わなくては栽培にならない。「自然農法」なんて言葉があるが、山菜以外の野菜に日本原産のものはなく、日本の風土に合っているとはいえないものがほとんどだ。

自然の攻撃に対しては、それなりに対処しなくては収穫は見込めない。たとえば雑草に対して負けないように大苗で植えたり、種々のマルチや防草シート、中耕・土寄せなどで対策をとる。虫害に対しても、大苗・マルチ・虫よけネットなどで抵抗し、病害に対しては、有機肥料の特性を利用して肥切れのないスムーズな肥効により、抵抗力のある植物体に育てる。そして何より基本となるのが多品目・少量生産、同じ野菜でも何カ所かに分けてつくるという危険分散だ。じぷしい農園の栽培では基本的に魔法の粉や魔法の液体は使わない。購入した「菌」なども用いない。

ここで紹介するのは、たいていの気象条件、さまざまな条件の耕地で土がよくならなくてもすぐに安定した結果が得られる方法である。しかもカネもあまりかからない方法がほとんどである。すべて借地のじぷしい農園だから、すぐに結果が出なくてはいけなかったのだ。効果がはっきり見える方法もたくさんあるので、ぜひできることから試してみてほしい。

1 「何でも育苗」で初期生育を守る

無農薬なら育苗するに限る

私の野菜つくりを中心で支えているのは何といっても苗つくりである（図1―1）。ダイコンやニンジンなど肥大する直根を利用する野菜以外は、ほとんどの野菜、ホウレンソウやコマツナでさえも苗をつくって植えている。

無農薬で野菜を安定生産しようと思ったら、育苗はきわめて有効な技術だ。雑草害や虫害など、どの植物も幼苗時がいちばん弱いからだ（図1―2）。

条件のいい畑では、上手下手にかかわらず、そこそこの野菜はとれるものだが、私のような新規就農者が最初からいい条件の土地を借りられることはまずないといっていい。同じ地域で五年以上の実績を評価されて、初めてマトモな畑が借りられるというのがふつうだ。だから悪条件の中でもある程度のものを栽培できないと農家として認めてもらえないわけで、いつまでもいい条件の畑が借りられない可能性がある。悪条件の中でも野菜を安定してつくろうとすれば、いい苗が必須条件となるし、本来直播き（じかま）でつくるものも育苗して定植すると安定した収穫が確保できる。

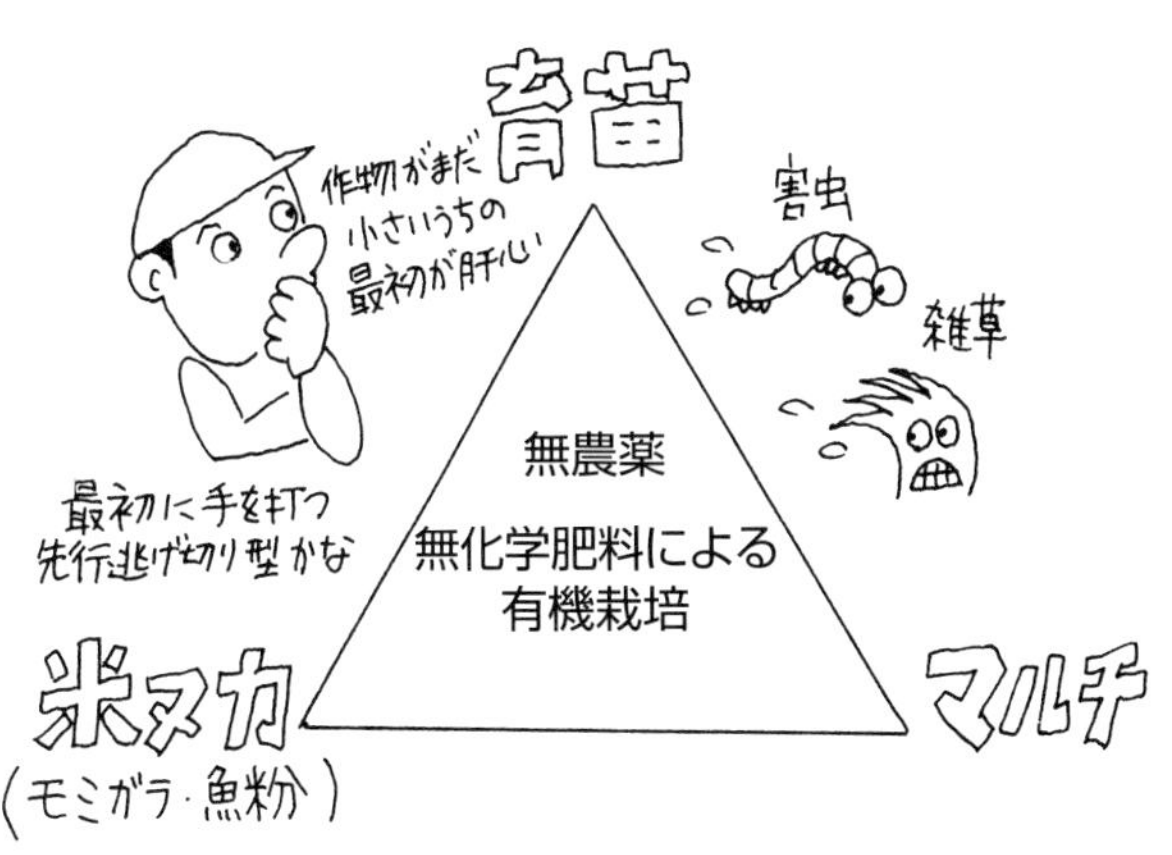

図1－1　無農薬有機栽培を支える３つの要素

就農当初、苗で食いつないだのがきっかけ

私が百姓を始めた三〇年近く前は、直売所というものが、まだほとんどなかった。一年目から野菜はつくっていたが、水はけのきわめて悪い重粘土の減反田ぐらいしか借りられなかったので、野菜が本格的に収穫・販売できるようになったのは、宅配のお客さんがつくようになった二年目からである。

とはいえ、当時の配達先は一〇軒未満で、冬期は野菜が少なくなって配達休止。最初のうちはまだまだ野菜や米の販売だけでは生活できるほどの収入がなかったので、春先、夏野菜の苗の販売で食いつないだ。

もともと自分で植える苗をつくっていたのだが、当時はタネ代も安かったので余計につくったところ、近所の農家の目に留まり、販売物の少ない春先の貴重な収入源となった。販売額は短い期間で二〇万～三〇万円ほどになったと記憶している（以降、今でも苗の販売は細々やっているが、農家の高齢化も進み、売り上げは当時の数分の一程度である）。まわりに兼業農家が多い地域では、育苗は手っとり早い収入源としても活用できるわけだ。

図1－2　育苗で雑草害や虫害から守る

育苗の利点と欠点

ここで無農薬・有機栽培にとって育苗することの利点と欠点を挙げてみよう。まず利点（図1―3）だが、

1　**虫食い、悪天候に強い**……苗のうちはハウス内の虫よけ網の中で管理できるので、虫食いの心配がない。小さい頃の虫害は致命的なので、これは大きい。気候の影響も受けにくい。

2　**発芽がそろう**……ハウスなら雨でも夜でもタネ播きができ、適期をはずさない。環境条件も整えやすく発芽もそろう。

3　**草に負けない**……定植時はすでに大きく育っているので、雑草との

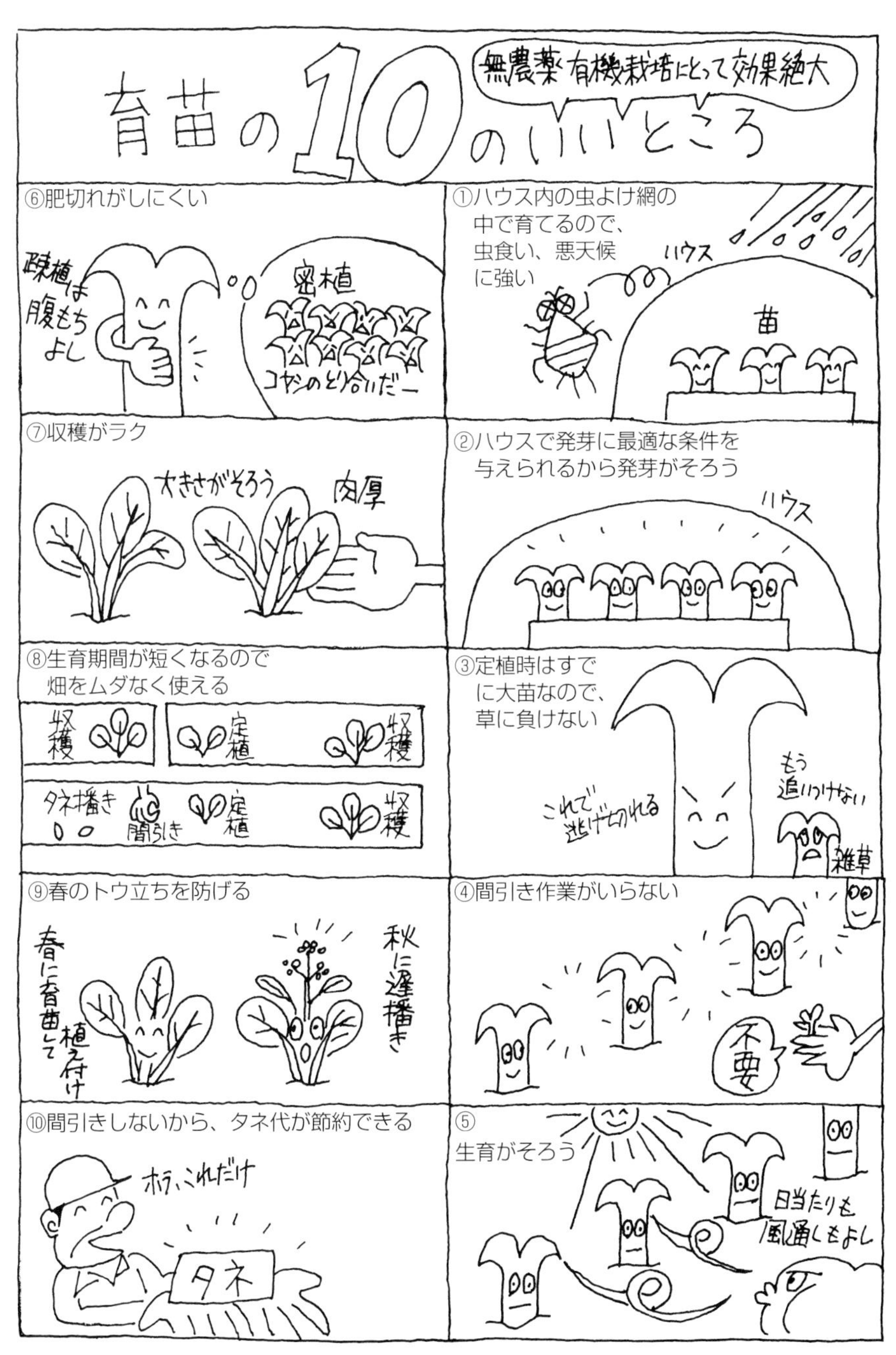
育苗の10のいいところ
無農薬有機栽培にとって効果絶大
①ハウス内の虫よけ網の中で育てるので、虫食い、悪天候に強い
ハウス
苗
②ハウスで発芽に最適な条件を与えられるから発芽がそろう
ハウス
③定植時はすでに大苗なので、草に負けない
これで逃げ切れる
もう追いつけない
雑草
④間引き作業がいらない
不要
⑤
生育がそろう
日当たりも風通しもよし
⑥肥切れがしにくい
疎植は腹もちよし
密植
コヤシのとり合いだー
⑦収穫がラク
大きさがそろう
肉厚
⑧生育期間が短くなるので畑をムダなく使える
収穫
定植
収穫
タネ播き
間引き
定植
収穫
⑨春のトウ立ちを防げる
春に育苗して植え付け
秋に遅播き
⑩間引きしないから、タネ代が節約できる
ホラ、これだけ
タネ

図1−3　育苗の利点

競争で圧倒的に有利に立てる。初期生育が遅いネギ類なども大苗で植えれば草負けしにくい。

4 **間引きの手間がなくなる**……最初から苗で植えるから、間引き作業がない。

5 **生育がそろう**……最初から株間をあけて植えること（疎植）もあって、地温も上がり生育がそろう。

6 **肥切れがしにくい**……本畑での生育期間が短縮でき、疎植にもなるので肥切れしにくい。追肥しにくい有機栽培では助かる。

7 **収穫がラクになる**……葉物では大きさがそろい、一株一株が肉厚になるので収量があがる。収穫・調製の手間が大幅に省ける。

8 **畑をムダなく使える**……本畑での生育期間が短縮でき、畑を効率よく回転させられる。

9 **春は露地ものが早くから収穫できる**……果菜類はもちろん、アブラナ科の菜っ葉など、育苗を高温で行なえるので抽苔（トウ立ち）を回避しやすく、早くから作付けできる。

10 **タネ代が節約できる。**

いっぽう、欠点もある。

1 **ポット代がかさむ**……私が使っているペーパーポットは意外と高価。何度も利用可能なポリポットやプラグトレイなら安価ですむ。

2 **植え付け時の干ばつ害を受けやすい**

3 **育苗の手間がかかる**

4 **植え付けの手間がかかる**

5 **相当な量の床土を用意しなくてはならない**

いちばん弱い時期を苗で逃げ切る

利点と欠点を比べると、私の条件下では利点のほうが圧倒的に大きい。

苗をつくるということは、いちばんひ弱な「赤ちゃん時代」を手厚く管理するということだ。

温度・土壌湿度の管理で発芽がそろい、発芽率も高くなる。害虫よけのネットをすれば、虫害にいちばん弱い時期をクリアできるし、ある程度育ってから植えるから、当然草にも強くなる。発芽しないポットは植えないから、欠株も少なくなる。どの株もそろって疎植にできるから、菜っ葉など葉が厚く重量感のあるものがとれ、調製作業も格段にラクになる。

ホウレンソウが数倍とれ、ネギつくりが一人前に

以前、ホウレンソウを直播きでつくっていた頃は、ハコベが繁茂して収穫時にからみつき、収穫の際ホウレンソウが傷んで困った。苗を植えるよう

になってから、そうしたことはほとんどなくなり、収穫量も数倍に増えた（79、83ページ）。

さらに、めざましい効果が得られたのは、ネギ苗やタマネギ苗である。これもペーパーポットで「苗の苗」を育てて仮植し、定植用の苗を育成するようになって、ようやく人並み以上の苗をつくれるようになり、ネギ類の生産が安定した（122、127ページ）。

現在私の畑で直播きするものは、直根利用のダイコン・ニンジン・ニンニク・カブ・ゴボウ（石だらけの畑がほとんどなので、めったにつくらないが）とジャガイモぐらいである。カブは肥大する部分が根の最上部なので育苗しても栽培できるが、乾燥に弱くなるので今は直播きしている。それぐらい育苗はほとんどの野菜に適用できるオールマイティ技術である。

2 植え付け時のマルチや米ヌカで草を抑える

草引きしなくてもいいように最初にしくむ

害虫・病気・鳥獣害・異常気象と、百姓の敵はいろいろあるが、雑草はその中でももっとも手ごわい相手かもしれない。何もしないでおくと、まず雑草に負けて収穫にならない。一部の野菜を除いて病気や害虫はそこまで致命的にならないが、雑草は強敵で有機農業に限らず雑草対策に割く労力は少なくない。

とはいえ、農作業の時間は限られるから、私は基本的に草引きはしないことにしている。もっとも、手で引かなくては大減収必至というときは仕方なく草引きもするが、マジメに草引きしていてはそれだけで人生が終わってしまう。少々草が生えても安定して収穫物さえ得られればいい。だから最初から草は引かなくてもいいような栽培を心がけている。何でも苗をつくって植えるのもその意味合いが強い。最初に苗で植えてしまえば簡単には雑草に負けない。さらに、植え付け時にマルチや米ヌカなどを使うことで、草引きをほとんどしないですませている（図1—4）。

マルチはほぼ完全な抑制効果

黒マルチはさまざまな効能がある

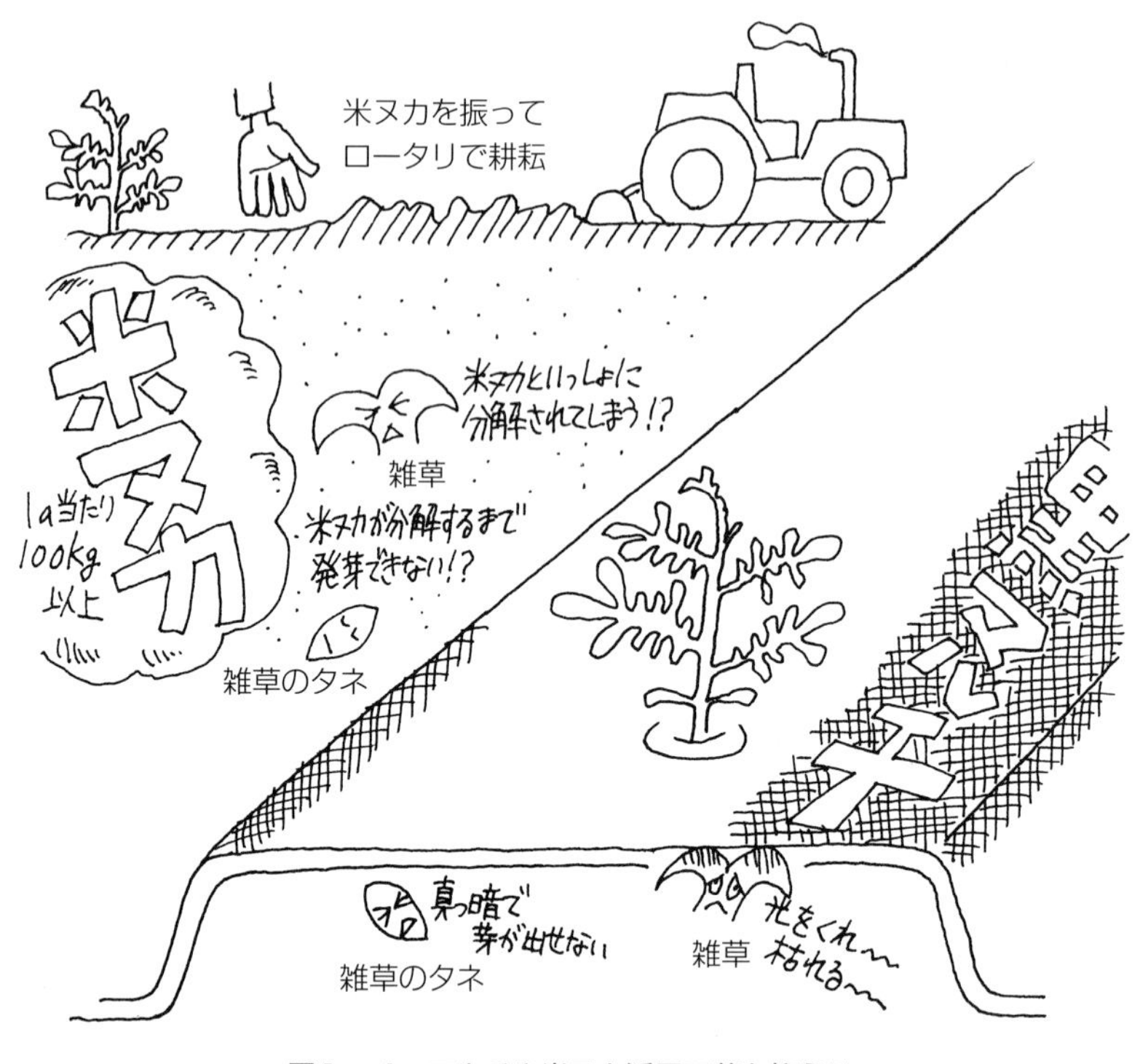

図1－4　マルチや米ヌカ活用で草を抑える

が、いちばん大きなものが雑草抑制である。光を通さないぶん、地温上昇効果は透明マルチに及ばないが、そのぶん光劣化がないし、雑草抑制効果はほぼ完全である。

ちなみに緑色マルチは地温上昇効果が高く雑草も生やさないと聞いたが、使ってみるとしっかり雑草が生える。やはりマルチは黒と白黒ダブル（地温低下用）に限るようだ。

マルチは便利であるが、欠点もある。雑草の根が食い込んだりして、片づけが大変なことだ。だが、野菜が十分大きくなったらマルチのすそを剥がせばよい。両端だけ留めておけば十分。さらに進んで全面マルチにすれば草の心配はほとんどなくなる。この方法は単に雑草の抑制だけでなく、サツマイモではコガネムシ被害の予防にもなる（112ページ）。

ワラや雑草マルチだけでは難しい

ワラマルチも定番であるが、ワラだけで雑草を完全に抑制するのは難しい。むしろ雑草マルチのほうが肥料分も期待できて雑草抑制効果も高い。

ただし、畑の雑草となるタネがついていないものを集めるのはひと仕事である。

どちらの場合もイノシシが出る地域では真っ先に掘り返されるので注意が必要だ。

防草シートなら、作業も快適

ここ一〇年ぐらいで急速に普及してきたのが防草シートだ。マルチも防草シートも雑草抑制に効果があるが、マルチは基本的に水を通さないので保湿・保温効果があるのに対し、防草シートは水を通すのでマルチのように地温は上がらない。いっぽう水は通すので、追肥が可能というメリットがある。雨のあとでも靴に泥がつかないので、毎日収穫するものは快適に作業できる。また、草もほとんど生えないので、跡地が利用しやすいし、イノシシが掘り返さないのも助かる。

私はナス、キュウリ、カボチャ、トマト、ピーマン、モロヘイヤ、クウシンサイ、ナガイモ、スイカ、オクラなど多数の野菜に防草シートを使用しているが、使うようになってから収量もあがったように思う。ワラマルチのように有機物補給にはならないが、雑草対策には非常に便利である。

米ヌカで見事に雑草が枯れる 追肥にもなる

一度雑草だらけになったウネ間を単に中耕しても、完全に草をなくすことは難しい。生育こそ停滞するが、また根がついてしまうのだ。ところが温暖な時期に米ヌカをまいてから中耕すると、ものの見事に草は枯れる。雑草の新たな発芽もしばらく抑えられる。米ヌカが分解すればまた雑草が生えてくるが、雑草の害をしばらく抑えることができ、もちろん追肥にもなる。

緑肥を早く分解させたいときにも、緑肥をすき込んでから米ヌカを振り、再びロータリをかける。これで分解を早めて、作付けが早くできるようになる。

量はかなり振ったほうが効果がある。一a当たり五〇kgが目安。一〇〇kg以上振れば効果てきめんである。

3 米ヌカ・魚粉・モミガラ堆肥で野菜が健康に育つ

病虫害に負けない体質にするためには、何より安定した肥効が重要である。

逆にいえば、コヤシがドカ効きしたときや肥切れしたときに、野菜は病虫害にあいやすいということである。ついでにいうと、耐寒性や耐暑性も肥効が安定しているときに強くなる。

だから、健康な野菜をつくるためには安定した地力を発現する土つくりが大事ということになるが、実際にはそう簡単にできるものではない。ちょっと堆肥を入れたぐらいでは地力はつかないのだ。ただ、地力がつくまでいいものがとれないのでは困るので、安定した肥効を有機肥料の性質を生かして実現する。そのためには、速効性の魚粉と遅効性の米ヌカ、そして根まわりの環境を整え、徐々に地力を上げていくためのモミガラ堆肥をうまく使う（図1—5）。

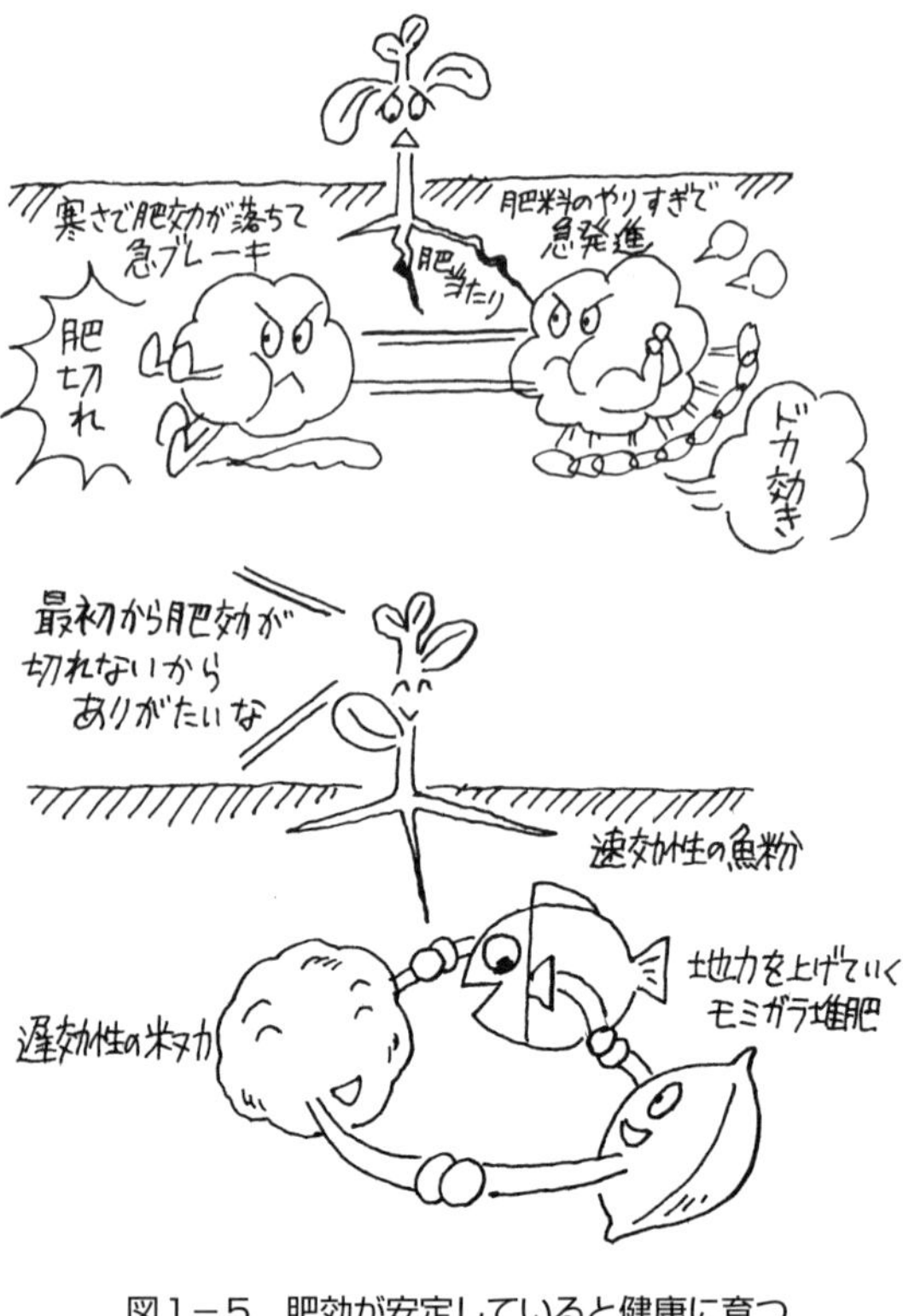

図1－5　肥効が安定していると健康に育つ

4 畑の分散と虫よけ・ネットで害虫対策

有機栽培で虫害は雑草害に次いで被害が大きい。アブラナ科の野菜、特にキャベツやブロッコリーでは、虫害対策をしないと確実に収穫不能となる。

虫害が出ないようにしておく

私の場合、虫を殺したり追い払ったりするような、農薬の代わりとなるものを野菜にかけるということはしない。実際上、そんなことをやっているヒマもないのだ。次から次へと植え付けや管理や片づけ、収穫、調製、配達などの仕事が待っているので、ひとつの作目に執着している余裕はない。だから動噴も動散も持っていない。

モノカルチャー（単品生産）から遠ざかるほどひとつひとつの作目をどうしても守らなくてはならない理由は希薄となる。だから、虫害が出たらどう対処するかではなく、なるべく虫害が出ないように対策を講じておいて、それでも出たらあきらめるようにする。あるいはあきらめても困らないようにしておく。

同じものでも畑を分けてつくる

具体的には、まず危険分散として、同じ（ような）野菜をいくつかの畑に分けてつくる。少し離れているだけで、甚だしいときはすぐ隣の畑でも、虫害の程度はまるっきり違ったりするから、同時に全滅という可能性は少なくなる。

害虫のつきにくい畑を選ぶというのも重要だ。まわりが田んぼで囲まれた減反田でジャガイモやキュウリをつくるとウリハムシやテントウムシダマシの被害にあいにくい。畑の凶悪害虫＝ハスモンヨトウもカエルの多いところでは大発生はしにくいようだ。逆に周囲でジャガイモを栽培している畑でキュウリやズッキーニをつくると、ジャガイモが枯れたあと、いっせいにテントウムシダマシが移ってきて、虫食いで売り物にならなくなる。

アブラナ科は虫よけネットが必須

もっとも虫害にあいやすいキャベツやブロッコリーは、ネットで虫よけが必須。モンシロチョウ対策だけなら安価な防風ネットで十分だ。

虫害にあいにくい時期に作付けする

のも重要だ。七月から八月はどうやってもアブラナ科の菜っ葉を植えるのはムリがある。ハクサイも十一月に丸まっているような栽培では固く丸まる前に虫害でオシャカになることが多い。最低気温が氷点下になる頃丸まるように播かなくては、結球と同時にハスモンヨトウやヤサイゾウムシが結球内部まで侵入して売り物にならないと思ったほうがいい。

あくまで最後の手段としてだが、手でつぶすというのもある。アスパラにつくジュウシホシクビナガハムシやキャベツのハスモンヨトウなんかは手でつぶすしかない。もちろん一度ではつぶしきれないので、一週間ぐらい毎日見まわってつぶさなくてはならない。苗のうちについたアブラムシも問題だが、手では完全につぶせないので、牛乳やせっけん水をスプレーすることにより殺してから定植する。

害虫対策に関しては、対象害虫の種類によって対策が異なるので、詳しくは各野菜の項で見てほしい。

第2章

無農薬有機栽培の基本

1 育苗の基本

育苗は自家製床土で

苗のよしあしは床土で決まる（管理はもちろんだが）。床土とは育苗用土のこと。床土は、ホームセンターや農業資材店に行けば、さまざまなものが袋に入って売られている。こういうものを使っても苗はできるが、経費はかかるし、使っている肥料がたいてい化学肥料なので、こんなのを使っていては有機栽培とはいえない。どうせ大量に使うのなら自分で床土を仕込んだほうがいい。

大ざっぱに二種類の床土

私がつくる床土は、大ざっぱに分けて二種類（図2―1）。発酵させない床土と、発酵させる床土である。「発酵させない」といっても、モミガラ堆肥を使うので、まったく発酵と関係ないわけではない。床土ごと発酵させているわけではないということである。

発酵させない床土は、イネ以外には、ほぼ何にでも使える。発酵床土より水をかけても固まりにくく、水の通りがよい。ただ、コヤシっ気があるとマメ類には不向きなので、一般の野菜用とマメ用では配合が異なる。発酵させていない床土は雑草が少しは生える

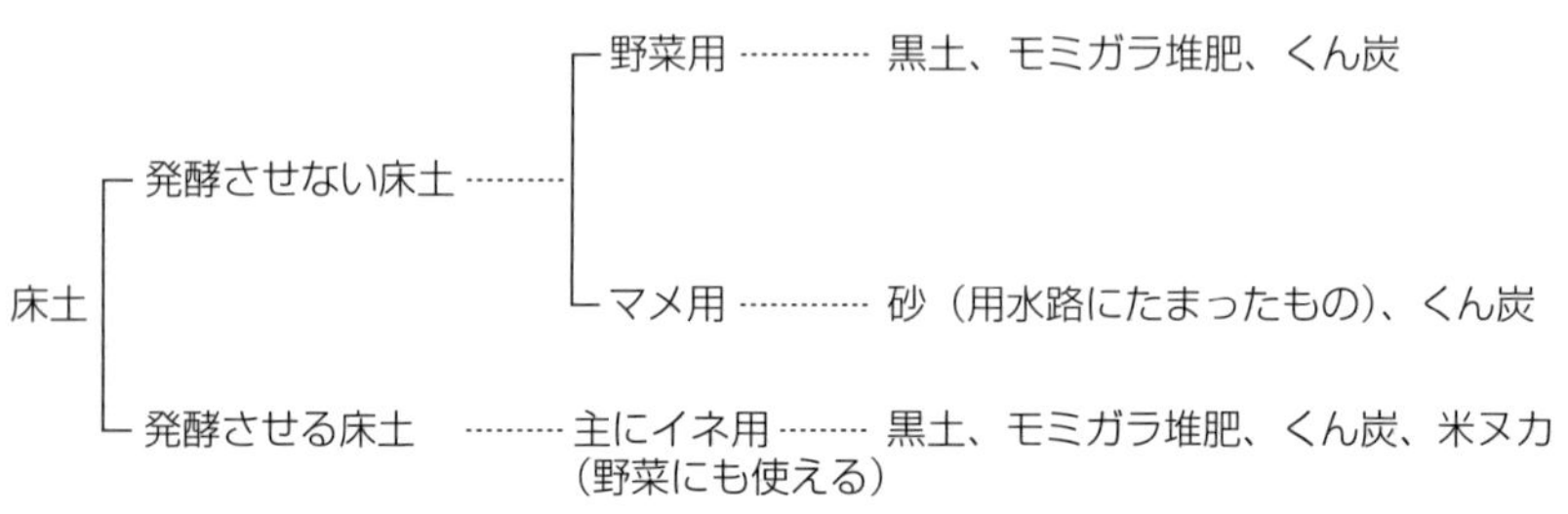

床土
- 発酵させない床土
  - 野菜用 ………… 黒土、モミガラ堆肥、くん炭
  - マメ用 ………… 砂（用水路にたまったもの）、くん炭
- 発酵させる床土 ………… 主にイネ用（野菜にも使える） ………… 黒土、モミガラ堆肥、くん炭、米ヌカ

図2－1　私の床土

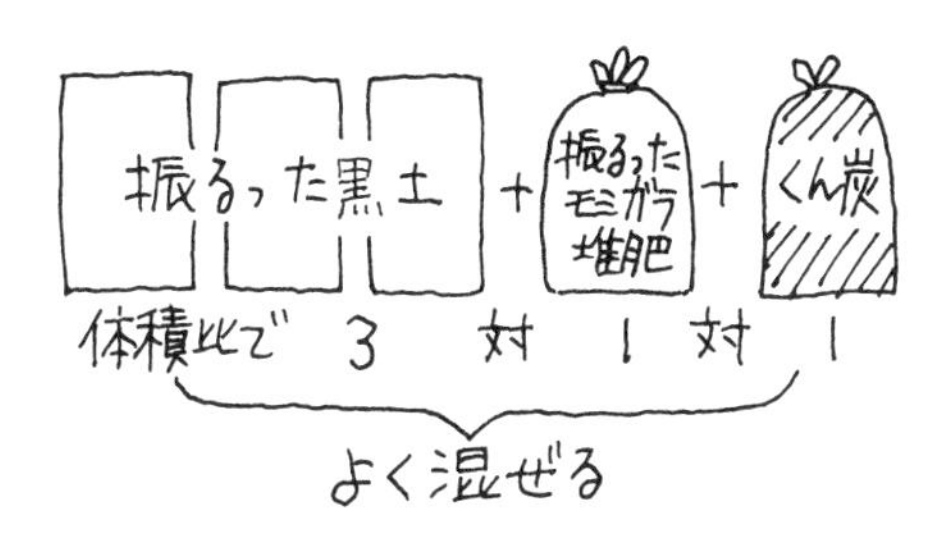

図2−2　発酵させない野菜用床土のつくり方

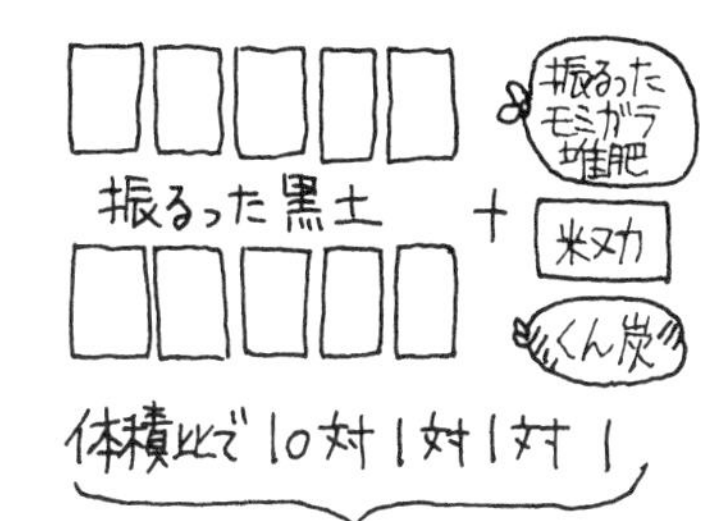

よく混ぜてから（発酵してくる）
毎日か１日おきに切り返す。
10〜20日して温度が下がったら出来上がり

図2−3　発酵させる「床土」のつくり方

写真2−1　土ふるい。1回で仕込むのは肥料袋16袋ぶんくらい（袋はもらいもの）

図2−4　マメ用床土のつくり方

写真2−2　できた野菜用床土。一部の野菜を除き、タネ播き、移植用すべてに使える

ため、イネの培土としては失格。イネ用には発酵させた床土を使っている。

主力は黒土とモミガラ堆肥、くん炭——肥切れさせず、徒長もさせない床土

現在私が主力で使っているのは発酵させない床土で、振るった土にモミガ

ラ堆肥（38ページ）とモミガラくん炭を混ぜただけのもの（写真2―1、写真2―2、図2―2）。あればグアノリン酸（有機リン酸肥料）も混ぜる。

　土は福島県西郷村産の黒土を買って使っている（地元にも黒土はあるが、国有地のため採取不可）。モンモリロナイトが主体のCEC（塩基置換容量といって保肥力のこと）の大きな土で物理性もいい。ただ、水をかけて固まりにくい土ならば、黒土でなくてもOK。ただし砂土はNGだ。

　重要なのは土よりも、混合するモミガラ堆肥の質と量だ。モミガラ堆肥は、相当大量に米ヌカを使って仕込んだ堆肥でなくては、肥料効果が少なくて苗が育たない。モミガラ堆肥に肥料成分が少ない場合は米ヌカを足して堆肥を再仕込みするとよい。土と混ぜる際にはモミガラ堆肥も振るって使う。量比としては、体積比で土：モミガラ堆肥が三：一ぐらい。くん炭もモミガラ堆肥と同量ぐらい混ぜる。

　くん炭の効果としては、徒長抑制が大きい。もともと私も「なんとなくよさそう」と思って混ぜていただけなのだが、あるときくん炭の在庫がなく、くん炭なしの床土で育苗したとき、キャベツの苗がヒョロヒョロになった。そのあとくん炭を混ぜた床土で苗をつくったところ、徒長しなかったので、くん炭に徒長防止効果があることがわかった。

　この床土を、私は毎年冬に、肥料袋で一五〇袋ぐらい仕込んで袋詰めして積んでおく。これでだいたい一年まかなえる。

雑草が出ない発酵床土

　ちなみに、主にイネの床土に使っているのが、上記の床土とほぼ同じ材料だが、土に生の米ヌカを混ぜて発酵させたもの（図2―3）。米ヌカの肥料分が付加されるので、モミガラ堆肥を減らすか肥料成分の乏しいモミガラ堆肥で十分。米ヌカの量加減としては肥料袋一〇袋ぶんの土に、米ヌカを米袋に一つぐらい。

　材料をよく混ぜるのは同じだが、違うのは混ぜてから。当然発酵してくるので、毎日か一日おきくらいに切り返す。乾燥してきたら、水をかけながら切り返す。一〇～二〇日して温度が下がったら出来上がりだが、温度が下がる前に、土ふるいで一度振るうといい。これにより、未発酵のかたまりを残すことがなくなる。

　この土のいいところは、発酵により高温を経過するので、雑草の種子がほとんど死滅することである。このため、イネの床土はこの発酵床土に限る（ポット苗ではpH調整する必要はないが、マット苗では硫黄華などでpH調整しないと苗イモチが出ることがある)。もちろん野菜用にも問題なく使える。

発酵させた床土の唯一の難点は、何度も水をかけていると表面が盤になりやすく、水の通りが悪くなることだ。

マメ用は無肥料の床土

マメはコヤシっ気のある土では著しく発芽が悪くなる。このため無肥料の床土を用意しなくてはならない。

私は用水路にたまった砂とモミガラくん炭を混ぜて使っている（図2―4）。砂といっても山砂では粘土分があるせいか発芽が悪い。混合する際の体積比は一：五ぐらいで、くん炭がほとんどなので、かなり軽くなる。砂を集めるのは面倒だが、くん炭で相当増量できるので、意外と砂は少なくても間に合う。

エンドウ・ダイズ・ソラマメはこの無肥料床土が最適。マメ類でもサヤインゲンだけは少々コヤシっ気があっても発芽するので、発芽後の肥料分を考えて「発酵させない土」を二割ほど混ぜて使っている。

ペーパーポット育苗が主力

育苗は育苗箱にすじ播きするものもあるが、ほとんどの苗はペーパーポットやプラグトレイを使う。私の場合、圧倒的にペーパーポット育苗が多い。これは、つまんで苗を取れるので、植え付けが速く、紙筒で支えられているので、根張りが小さいうちでも崩れない利点があるからである（写真2―3）。

欠点としては価格が高いこと。紙筒を糊でつけただけのものが何でこんなに高いのか不思議だ。メーカーの日本甜菜製糖は故郷・北海道を生産拠点にしているので文句をつけたくはないが、ボロ儲けではあるまいか？　ついでにプラスチック製の展開ぐしも法外な価格だ。これはアルミアングルで自作すれば、ポキポキ簡単に折れる純正品よりも、はるかに丈夫なものが簡単に安価でつくることができる。一度つくれば、なくさない限り末代まで使える（写真2―4）。

プラグトレイがいい作目もある

いっぽう、プラグトレイがいいものもある。

筆頭はスイートコーンで、ペーパーポットでは、種子根が育苗箱の底で、はるかかなたまで伸びて苗取りが非常にやりにくい。プラグトレイなら独立しているので、苗取りは簡単。ただ、発芽率をよくするのは意外と難しい。

プラグトレイの苗取り達人であれ

ば、プラグトレイのほうが何度も使えて安上がりなので、どんどん使うべきだろう。私は達人にはなれそうもないので、当分ペーパーポットのお世話になるつもりだ。

チンゲンサイ、シュンギクなどのように小さな苗を一本で定植する場合や、小さいうちにポリポットや大きめのペーパーポットに鉢上げするレタス、パセリ、セロリなどは、深めの育苗箱にすじ播きすればいい。

写真2−3　展開したペーパーポットに床土を入れてタネを播き、覆土してかん水すればタネ播き完了

写真2−4　ペーパーポット（上）と展開ぐし（中と下）。展開ぐしは市販のプラスチック製では簡単に壊れるので、アルミのアングルで自作したほうがいい。ペーパーポットは写真の220穴１本が200円弱

発芽をそろえる方法

最近のタネは異常に高価だし、発芽がビシッと決まらなければ、その後の管理もスムーズにいかないので、発芽は見事にそろえたい。発芽をそろえるための条件としては、床土さえよければ、温度管理と水分状態で決まる。

温度に関しては、発芽に高温を要しないネギ類やレタス・菜っ葉などは、低温でも時間がかかるだけで、発芽率もそれほど変わらない。

高温を必要とするものは、気温が上がるのを待って播種するか、温床や二重トンネルにして温度を稼がないと発芽率や発芽そろいが悪くなる。ただ、高温が苦手なタネもあり、ホウレンソウやキャベツ、ブロッコリーは夏の直射日光が当たるところに置いておくと発芽率が極端に下がり、ひどいときにはまったく発芽しない。

水分に関しては、過湿も乾燥も発芽には御法度なので、ちょうどいい水分状態を長い時間保つことが重要であ

る。乾燥させないのはじつに簡単で、タネを播いたのと同じ箱を逆さにのせればそれだけで数日はかん水不要となる（写真2―5、写真2―6）。

発芽が難しいといわれるオクラは、播種前に吸水させてから播けなどというが、水分状態さえ安定させれば、ふつうに播いて発芽率は常に九五％以上だ。

写真2－5　播種後、タネを播いたのと同じ箱を逆さにのせれば、数日はかん水不要で発芽もそろう

セロリ、シソなどの好光性種子なら、覆土せずに水だけかけて、穴が大きめの箱でフタをする。そのぐらいの光で発芽には十分である。あとは根が伸びてきたことを確認してから覆土すれば、きれいに発芽が決まる。

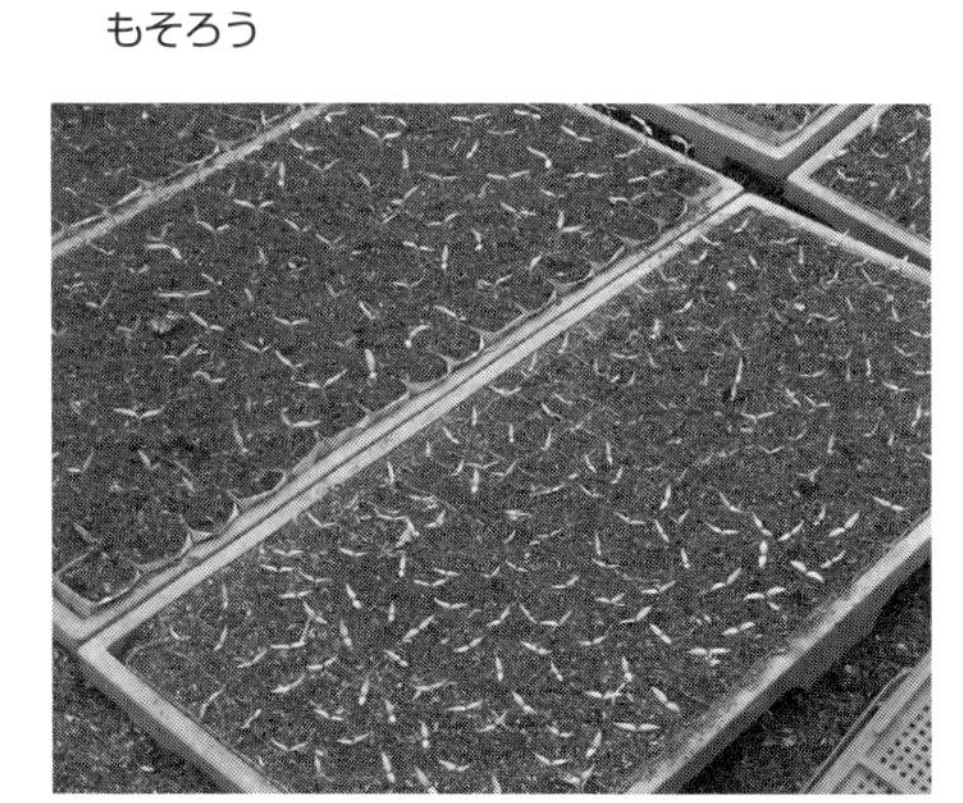
写真2－6　箱のフタのおかげで発芽がビシッとそろったナス（手前）とトマト（奥）

移植・定植作業の定石

苗の鉢上げでも、本畑への定植でも、スムーズな活着をさせるには、悪環境→良環境という環境変化で進めたい。

たとえば、夏野菜の移植の際、苗を寒さに慣らしてから鉢上げし、移植後のポットは温床にのせて根まわりを温めて活着を促す。

秋遅くに定植する菜っ葉は外で数日慣らしてから温かな黒マルチに定植する。

温かなハウスから出した苗をいきなり寒い露地に植えたりすると生育が停滞し、ひどいときは枯死することもある。また、夏の暑い時期に植える秋冬野菜は、低い気温を好むので、これから涼しい日が続くというときに定植するとスムーズな生育が期待できる。

2 夏野菜の苗つくり

いざやってみると割と簡単

いい苗をつくれば格段に安定してとれるようになるのが、夏野菜だ（写真2―7）。

写真2－7　キュウリは徒長しない苗をつくるのが肝要

夏野菜の育苗は温度管理が面倒で、つくったことのない方にはハードルが高そうだが、いざやってみると割と簡単だ。特に有機栽培を行なっているのなら、苗から自分でつくらなくては本当の「有機」とはいえない。うまくつくれるようになれば、苗の販売で稼ぐことも可能だ。

タネ袋どおりに播くと苦労する

タネ袋を見ると、夏野菜のナスやトマト、ピーマンなどは中間地では二月末に播くとなっているが、この頃はまだかなり寒さが厳しく、タネ袋どおりに播くと温度管理に苦労する。これを三月半ば、苗の販売を主目的とするのでなければ彼岸明けぐらいにずらせば、管理はかなりラクになる。しかも、どんどん気温が上がっていく時期なので、苗ができる時期は一週間かせいぜい一〇日ほどしか遅れない。

ホームセンターなどでは、定植には早すぎる時期から苗を販売するものだから、たいていの農家は地温が上がらないうちに苗を植えて、苗を枯らしたりこじれさせたりしている。霜が当たるのは論外としても、ほとんどの夏野菜の生育にとっては地温が命であり、根が温まらない限り早く定植しても何の意味もない（キュウリなどは枯れるのも多い）。

地域によって定植適期は異なるが、私のところなら五月の中旬から下旬である。これより早く植えても収穫時期はなんぼも変わらない。早出ししたい農家はいくらでもいるので、最近では夏野菜を少しぐらい早く出荷しても高く売れることはない。遅くつくったほうがずっとラクで得である。

堆肥の発酵熱を温床として利用

夏野菜の育苗はよほど温暖な地域以外、温床育苗が基本である。

最近では昔ながらの踏み込み温床を踏む人は少なくなったかもしれないが、省エネでゴミを出さない踏み込み温床はもっと見直していいと思う。

ただ、私も踏み込みをまじめにやるのは、ある程度の期間熱を出し続けてもらわなくてはならないサツマイモの苗床だけである（図2―5）。これも、モミガラとワラと米ヌカだけで踏み込む簡単なものである（だいたい、福島県では現在落ち葉は使用不可だ）。

夏野菜はどうしているかというと、前年のサツマ床をハウスの中で再び堆肥として積んで、少し温度が下がってきたところを温床として利用するのである。

発芽適温まで下がるのを待っていては、あっという間に温度が下がりすぎるので、まだ五〇度以上あるうちから利用する。もちろん、五〇度では障害を起こすので、苗箱の下に何枚も箱を重ねて、タネを播いたいちばん上の苗箱で適温になるよう調節する（写真2―8）。温度が下がってきたら重ねている下の箱の枚数を減らせばいい。三〇度以下に下がってきたら、米ヌカを付加して切り返すとまた温度は上がってきて、再利用できる。最近は外部サーミスタのついたデジタル式の温度計が比較的安価で売られて

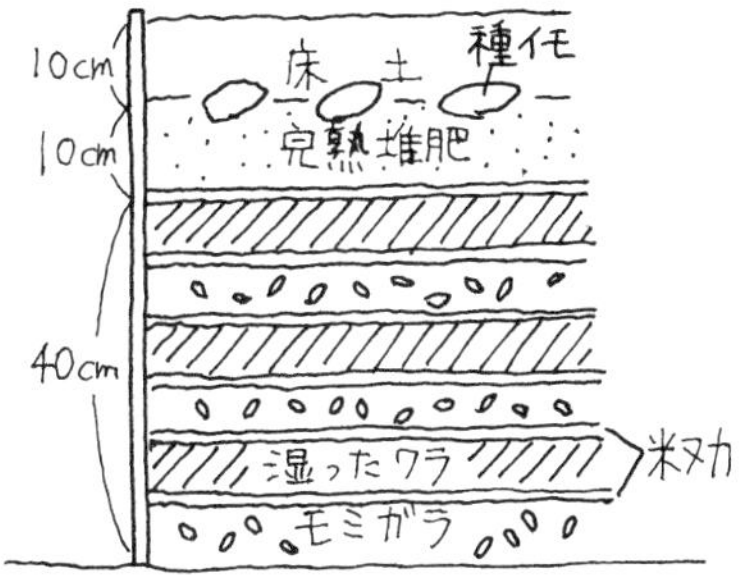

※米ヌカは１坪に30～40kgほど。
踏み込みながら、たっぷりかん水する

図2－5　サツマイモの苗の温床を翌年の夏野菜の温床として利用

写真2－8　前年サツマイモの育苗に使った踏み込み温床を積み直しただけの簡易温床。育苗箱を下に重ねて温度調節する

いるので、これを温度管理に活用したら便利だ。

　堆肥を温床として利用する場合は、モミガラ堆肥のように通気性のいい材料だけ使用するのは不可。あっという間に温度が上がるが、すぐにカラカラに乾いて温度が下がる。発酵が激しすぎるのだ。だから必ずワラのような通気性の悪い材料を併用する。

　温度の上がりすぎには十分注意したほうがいいが、もしうっかりして温度を上げすぎた場合、トマトだけは播き直すのを少し待ったほうがいい。数日して適温になってから発芽する場合が多い。トマトは相当な高温にあっても、タネが休眠して環境が整ってから発芽する特殊な性質を備えている。ただし、他のタネではこうしたことはないから、十分温度管理には注意すること。最近のタネは異様に高価なのだから……。

鉢上げは大手術、暖かい温床へ

　発芽をビシッとそろえるコツは25ページのとおりだが、問題は鉢上げである。

　鉢上げは胚軸（タネから伸びる茎）が徒長する前に行なう。プラグトレイなら、根が巻かないうちに行なう（私がペーパーポットを好んで使う理由のひとつが、根巻きしないことである）。

　大事なのは、鉢上げした苗の管理で、これは必ず暖かい温床の上に置かなくてはならない。苗にとって鉢上げは大手術であり、手術後はＩＣＵに入れて集中治療が必要である。根がすぐ動き出せる温度で管理することによってのみ、後遺症を残さず順調に生育を進めることができる。

　ちなみに、カボチャとトマトは低温でも根が動くので冷床育苗も可能だが、やはり温床のほうが生育はスムーズに進む。他の果菜類はすべて地温が必要で、特にキュウリやスイカの鉢上げ後に温床は必須である。

モミガラと米ヌカのみの超簡易温床

　なお、ペーパーポットから一〇・五cmのポリポットに鉢上げすると、いきなり置き場所の面積が増えて、温床の用意が大変である。ここで登場するのが、モミガラと米ヌカのみで積む超簡易温床である（写真2―9）。

　湿ったモミガラと米ヌカを混ぜて山にし、発酵させる（図2―6）。時期的には四月になるから、ハウスの中なら二日ほどで温度が上がってくる。温度上昇後一回切り返して、発酵が均一になってから、これを踏みながら厚さ二〇～二五cmほどに広げる。この上にラブシート（丈夫な不織布）か透水性のいい防草シートでも広げて、鉢上げしたばかりの苗を並べた水稲用育苗箱を並べる。まわりを木枠などで囲んでおくと端まで苗を並べられる。米ヌカの量は堆肥を仕込むときよりかなり少なくてもよく、体積比でモミガラの一～二割といったところか。

　この温床の発酵熱は、ほんの数日しかもたない。しかし、ほんの数日でも温度が保てれば、苗が「手術」から回復するのには十分であり、あとは無加温ハウス内の温度で、暖かい日には適当に換気してがっちり育ってもらう。もちろん、冷え込みの厳しい夜には保温シートをかけて寒さによる障害を防がなくてはならない。

　ちなみに、この温床は米ヌカを足して切り返すことで数回は利用できるから、早く育った苗から順番に使っていけばいい。育苗シーズンが終わったら、切り返してモミガラ堆肥として使うこともでき、まったくムダがない。

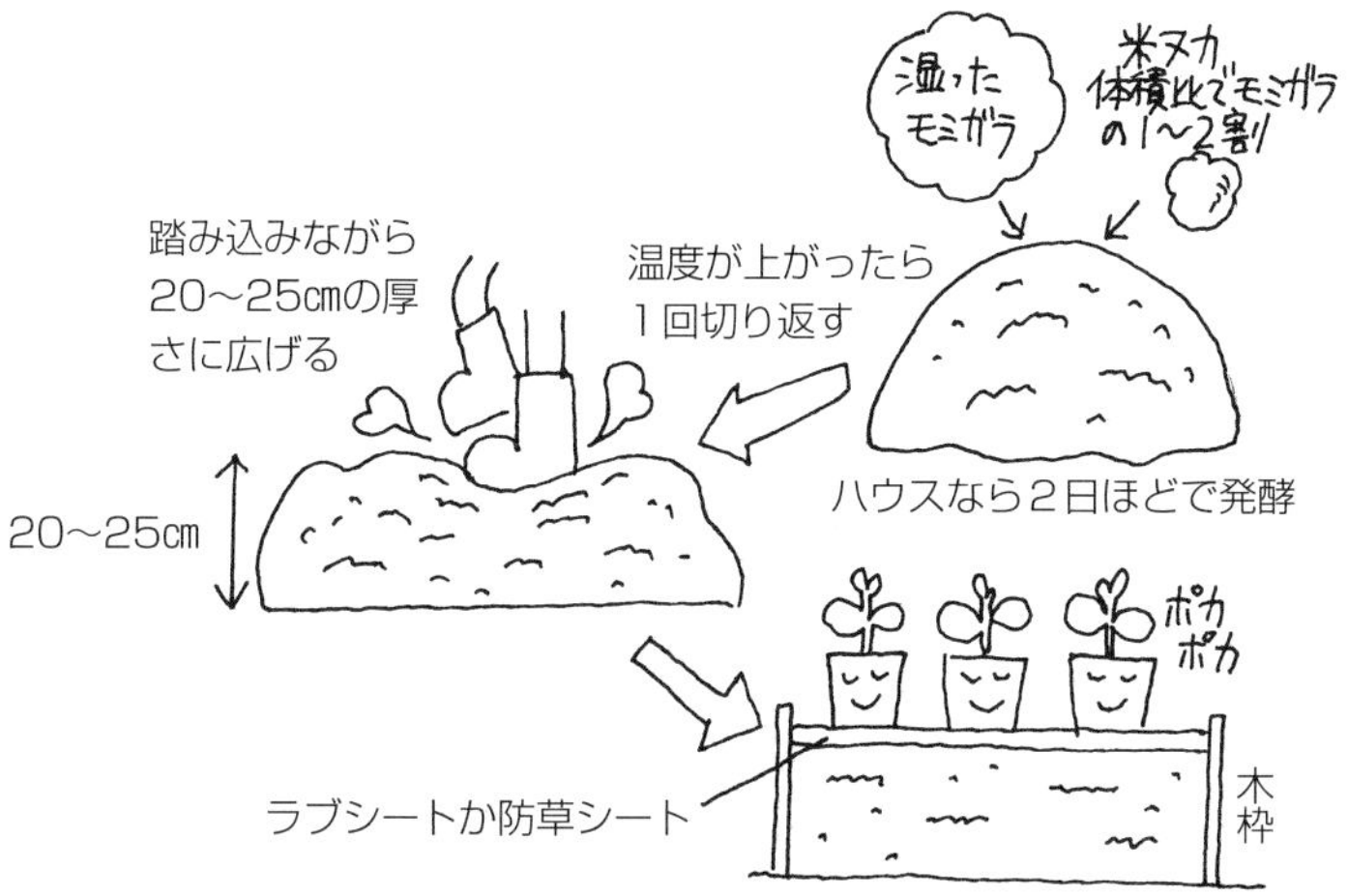

図2－6　鉢上げ用の超簡易温床

写真2－9　鉢上げ後の温床。モミガラと米ヌカのみで積む超簡易温床

定植前は寒さに慣らす

　定植適期が近づいて、苗も大きくなってきたら（写真2―10、写真2―11）、苗同士の間隔を広げて徒長を防止する。定植数日前からは露地に置いて、外気温に慣らす。定

植でも根が傷むわけだから、必ず定植後のほうが居心地がいいように、定植前の環境条件は厳しくしてやったほうが順調に育つ。ただし、キュウリとスイカだけは、夜温が一〇度を下回る日はハウス内に避難させたほうが安心である。こいつらは苗のうちは寒さにめっぽう弱いからだ。

写真2−10　ナス苗。葉っぱがスプーンのように内側に巻いているのが健苗の証

写真2−11　トマト苗。トマトとカボチャはもともと高原が原産地なので、移植後も低温に強い

3 コヤシの選び方

有機栽培を行なう場合にコヤシとして何を使うかは重要な問題だ。完全無肥料を目指す「自然農法」は別として、ふつうはコヤシになるものがないと栽培にならない。百姓で生計を立てようとすれば、なるべく支出は抑えたいから、使える肥料は限られてくる。私がこれまで主に使ってきたコヤシを、サッとおさらいしておこう。

鶏糞
安価に手に入るが、クスリが気になる

鶏糞はもともと産業廃棄物ゆえ、ホームセンターなどできわめて安価で売られている。養鶏場などに知り合いがいれば、タダでいくらでももらえるかもしれない。ただし、一般の大規模養鶏のものは、抗生物質や殺虫剤などが使われている可能性が大きく、できれば一度発酵させてから使ったほうが安心だ。

私の場合、就農初期にケージ飼いのものを無料でもらってきて、米ヌカ、モミガラと一緒に発酵させて使っていた。ただ、堆肥に積んだものを使ってもレタスやシュンギクが苦いとクレームがついたことがある。自分で食ってみても確かに苦かった。魚粉や米ヌカを使ってつくっても、決して不快な苦味が出たことがない。鶏糞のせいとしか思えないが、原因は不明である。キク科の野菜は苦味が出やすいので、鶏糞の使用は控えたほうがいいかもしれない。ちなみに鶏糞の成分は与えたエサによって変わる。

米ヌカ
味をよくする肥料の一方の横綱

米ヌカはコイン精米などで無料か安価で手に入る。主成分はデンプンで、チッソ、リン酸、カリの成分比はおおよそ二―四―二％のリン酸成分の多い山型肥料である。分解しやすく、かびやすいデンプンが主成分ゆえ、使うのにはコツがいる。

化成肥料のつもりで生でそのまま鋤き込んでタネ播きや定植をすると、たいてい大失敗する（34ページ）。冬に向かうタマネギやニンニクのような例を除いて、播いてすぐには作付けできない。堆肥にするか、高温期に播いて分解させるかしなくては安心して使えないのだ。ところが、これをあえて発酵もさせず生で使うと、いいこともたくさんある（36ページ）。

畑土壌における有機質肥料のチッソの無機化
（藤沼・田中、1973）

肥料の種類	10℃		26℃	
	無機化率*（%）	無機化率50%日数	無機化率*（%）	無機化率50%日数
イワシ粕	76	4〜8	88	4以下
荒粕	78	4〜8	86	4以下
肉骨粉	61	4〜8	80	4以下
蒸製骨粉	60	4〜8	80	4以下
ナタネ油粕	68	8〜15	88	4以下
大豆油粕	66	4〜8	80	4以下
ワタ実油粕	68	8〜15	85	4〜8
ヒマ子油粕	66	4〜8	87	4以下
米ヌカ油粕	48	30〜60	83	15〜30

*肥料が分解して、作物が吸える状態になった割合

フムフム、
チッソが半分効くまでに
魚粉（イワシ粕）は4日
もかからないのに、
米ヌカは半月から1カ月
もかかる

寒い時期は1カ月どころか、
2カ月もかかる

図2−7　米ヌカの肥効

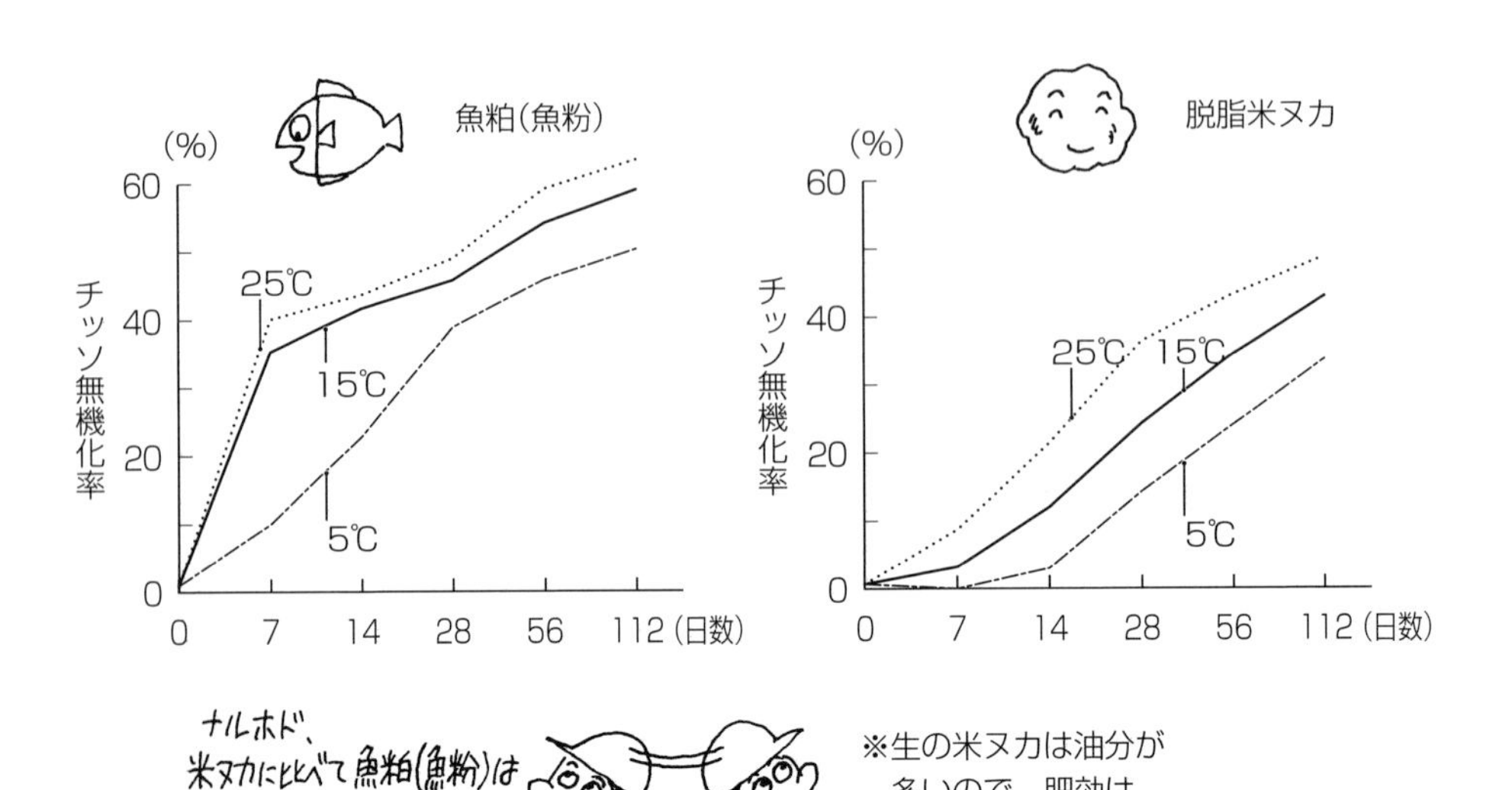

※生の米ヌカは油分が
多いので、肥効は
さらにゆっくりになる

図2−8　魚粕（魚粉）の肥効

味をよくする効果は抜群。あらゆる有機肥料の中でもっとも遅効性であるため（図2―7）、肥効が安定しているせいではないだろうか。じぷしい農園の筆頭主力肥料である。

ナタネ油粕　高価な割にはメリットが少ない

油粕は文字どおりナタネから油を搾ったものだが、市販されているものの多くはヘキサン（ガソリンの主成分）で油分を抽出した粕であり、有機栽培にはあまり使いたくないシロモノだ。

特に味をよくする効果も感じないし、最近は値段もべらぼうに上がっている。

魚粉　良食味のもう片方の横綱

市販の魚粉は有機肥料の中でももっとも高価なもののひとつである。ただ、食品工場の廃棄物として手に入る場合には経済的負担はごくごく小さい。私もそうした削り節の粉を利用している。

魚粉はすぐにアミノ酸に分解する状態の肥料ゆえ、植物がアミノ酸合成のために消費するエネルギーを節約できる。なかでも削り節の粉はアミノ酸成分が多い。つまり糖の消費を抑えるので、健康で糖度の高い野菜を収穫するのに有利ということだ。肥効も速効性で、化学肥料の感覚で使用できる（図2―8）。

ただ、欠点はそのニオイで、犬猫を呼びこんで畑を荒らされる。マルチを張ればマルチがずたずたに破かれる。この場合はニオイが消えるまで防風ネットなどでマルチを覆うか、周囲に電気柵を張るしかない。春・秋はタネバエも呼ぶので、マルチ栽培が基本である。ウネ間にまいて追肥用にも好適。

雑草　集められれば最高の肥料

就農当初はいい肥料がなかなか入手できなかったので、雑草を大量に集めてきて米ヌカと堆肥に積んでいた。雑草堆肥はもともと各種の植物体自体が材料だから、植物にとって必要な成分をすべて含んでいる。そのためか、一般の堆肥の概念をはるかに超える肥効を示す。このため、これが野菜にいちばんいい肥料ではないかと私は思っている。ただし、膨大に草を集めてもできる分量はわずかで、切り返しにも体力がいる。時間と労力に余裕がないと、なかなか簡単には使えない。

今は畑に生えて巨大化した雑草をトラクタですき込んだりしているが、これだけでも相当地力になる。ゆくゆくは緑肥中心の栽培に切り替えたいと思っているが、これからの課題である。

4 米ヌカと魚粉の使い方

私が現在中心に使っているのは格安で手に入る米ヌカと魚粉であり、味をよくする二大肥料でもある。ところが、この二つの肥料はまったく性質が異なる。この二つの肥料の性質と使い方の基本を詳しく解説しよう。

長期戦の野菜に米ヌカ

米ヌカは超遅効きの有機肥料である。畑にすき込むと分解の早い夏でも一カ月以上たたないと肥料として効かない。秋にすき込めば春、初春にすき込めば初夏に効く。湛水状態で有機物の分解の遅い水田では、秋にすき込んだ米ヌカが効きだすのは初夏からである。

それぐらい遅い効き方なので、短期決戦の野菜には使えない。使うのはもっぱら持久戦が必要な夏野菜や生育期間の長いサトイモやナガイモなどの根菜類である。また、夏にすき込んでおけば、秋から春にかけても少しずつ効いてくれるので、ハクサイ・キャベツなどの結球野菜やブロッコリーなどの花野菜にも効果的である（図2－9）。

また米ヌカは非常にネギ類との相性がいい。総じて辛味が減って甘味が強くなるようで、味に劇的な変化が起きる。だから十分な量が手に入らないときはネギ類の野菜に重点的に使おう。

米ヌカのカビやタネバエ対策

米ヌカはデンプンが主成分なので、畑に施すと、こうじカビが大発生してデンプンを糖化し、それをエサに多くの菌が繁殖する。涼しい時期ならタネバエも卵を産みに来る。根まわりがそういう状態になるとさまざまな障害を起こしやすいので、よほど寒い時期以外は根に生の米ヌカが触れるように使ってはいけない。

果菜類ならウネ間にまいてすき込み、ネギやサトイモならウネ間にすき込んで分解してから土寄せする。夏播き根菜類（ダイコン、ニンジン）なら播種一カ月ほど前にすき込んで、一週間おきぐらいに何度かロータリをかけて、分解を促してからタネを播く。

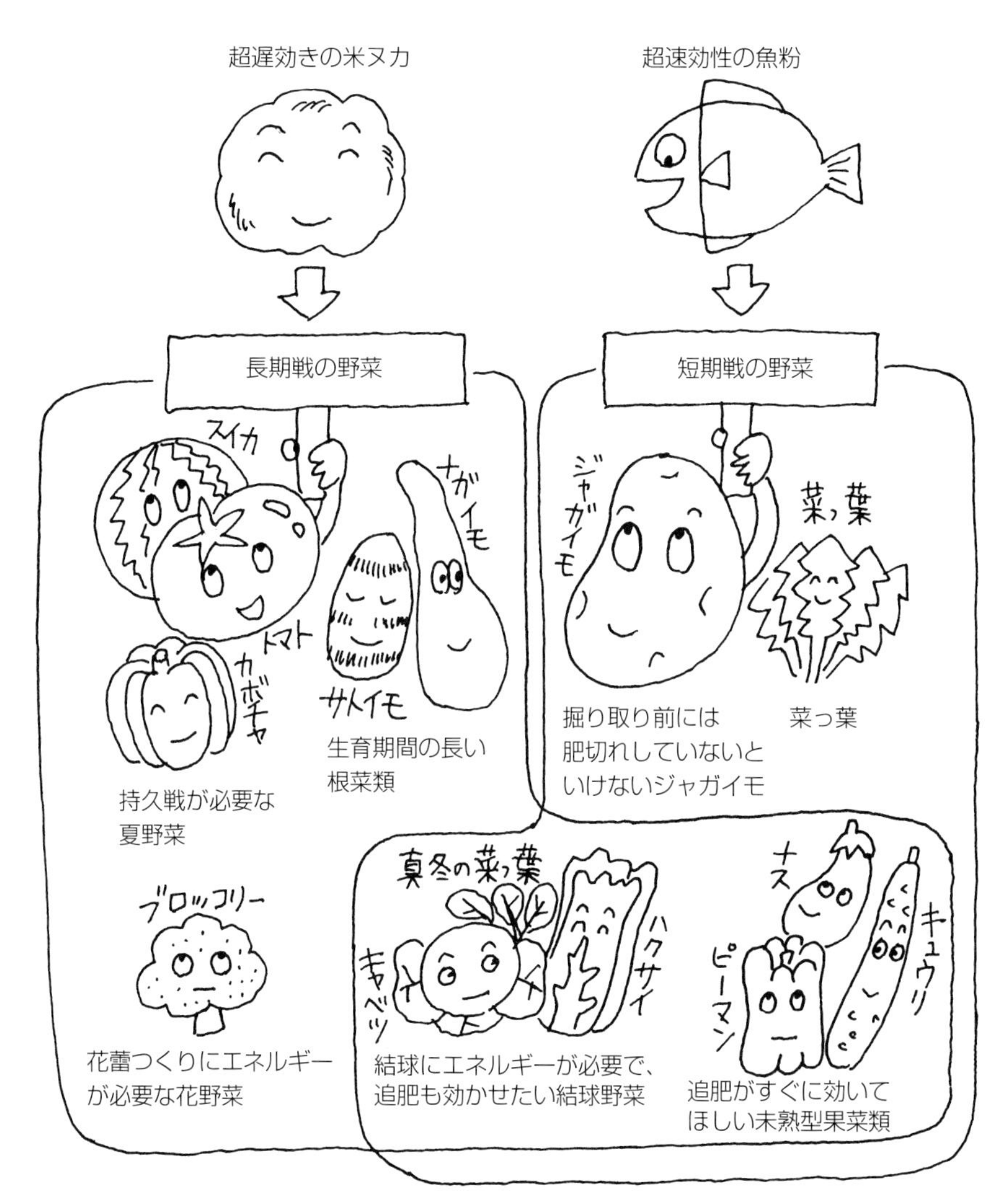

※真冬の菜っ葉やキャベツ、ハクサイは、夏に米ヌカの「予肥」をやっておくと肥切れしにくく、冬には魚粉が割とすぐに効いてくれる。キュウリ、ナス、ピーマンは米ヌカと魚粉を組み合わせると長期どりできる

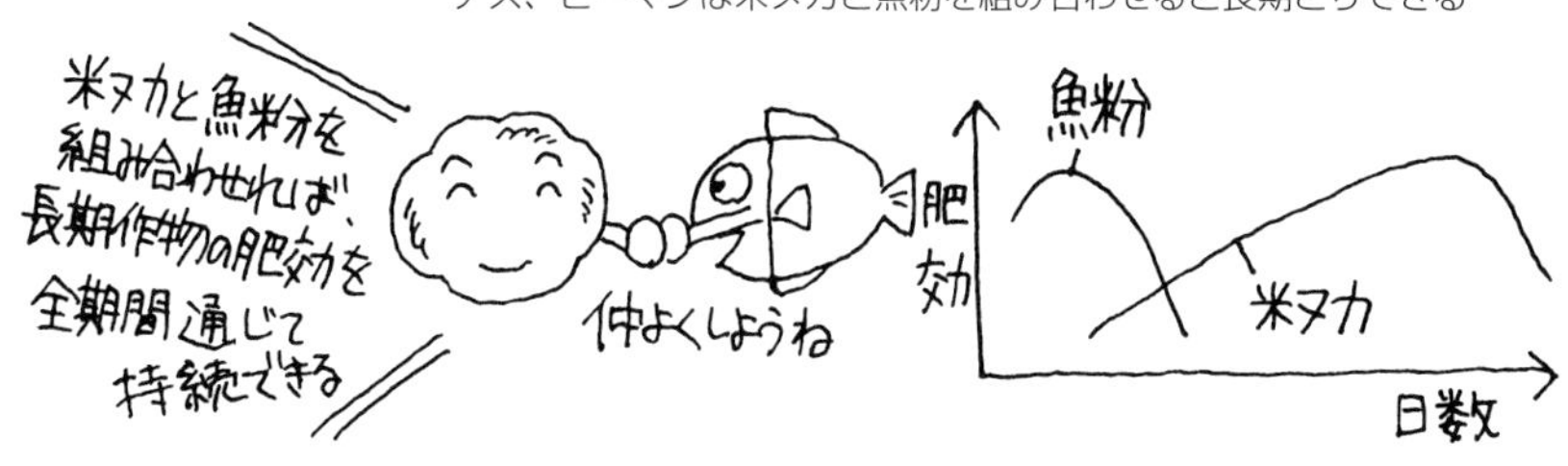

図2－9　野菜のタイプと米ヌカ・魚粉の使い方

短期逃げ切り型には魚粉

いっぽう、魚粉は米ヌカとは逆に超速効性で、化学肥料に劣らない速効き肥料である。炭水化物がないぶん、カビなどの発生も少ないから、根に触れるように植えてもほとんど障害は出ない。大量にやればアンモニアの発生で障害を起こすかもしれないが、ふつうに買うと高価な肥料なので、それほどは施せない。

短期決戦のジャガイモや菜っ葉などには魚粉ほどありがたい肥料は他にない。また、未熟型果菜類や結球野菜の追肥にもすぐに効いてくれるので便利である。

米ヌカの「予肥」は一石三鳥

前述したように、米ヌカはカビやタネバエが怖くて施用直後に作付けできないが、これをあえて生で使い、夏に元肥よりも早い時期に施すと、いいことだらけであることが最近わかってきた。

夏は米ヌカが速やかに分解するため、タネバエの発生がなく、カビもすぐに消える。米ヌカを振ってロータリをかけておくとしばらく草も生えず、耕起前にあった草の分解も進む。さらに分解後には肥料として長く効いてくれる。まさに一石二鳥どころか三鳥というわけである（図2―10）。

夏播きのニンジンとダイコンなら、播種一カ月ほど前にすき込んで一週間おきに何度かロータリをかけておけば、米ヌカだけで理想的に生育する（132、136ページ）。

冬どりのキャベツやブロッコリー、菜っ葉なら、作付け一カ月以上前の七〜八月に米ヌカを振って苗を定植すれば（定植時には元肥もやる）、肥切れが出ず、耐寒性も強くなって寒い冬でも見事に結球する（78、87ページ）。

夏に元肥よりも早い時期に施す肥料を、私は「予肥（よごえ）」と呼んでいる。

問題はコヤシの量

コヤシは種類も重要だが、何より量が大事だ。コヤシの効きすぎは、植物体内の硝酸態チッソ濃度を上げ、病虫害を誘発するだけでなく、人体にも有害だ。だからといって、コヤシが少なすぎては、からきし収量があがらないし、菜っ葉では固くて味も落ちる。このためちょうどいい効かせ方が重要なのだが、これが相当難しい。

野菜の種類ではもちろん、品種でも肥料吸収量・吸収力がみな違うし、降雨の多少・気温の高低でも効き方が違う。さらに、畑の土質でもまったく違うし、堆肥の施し具合や畑の栽培履歴

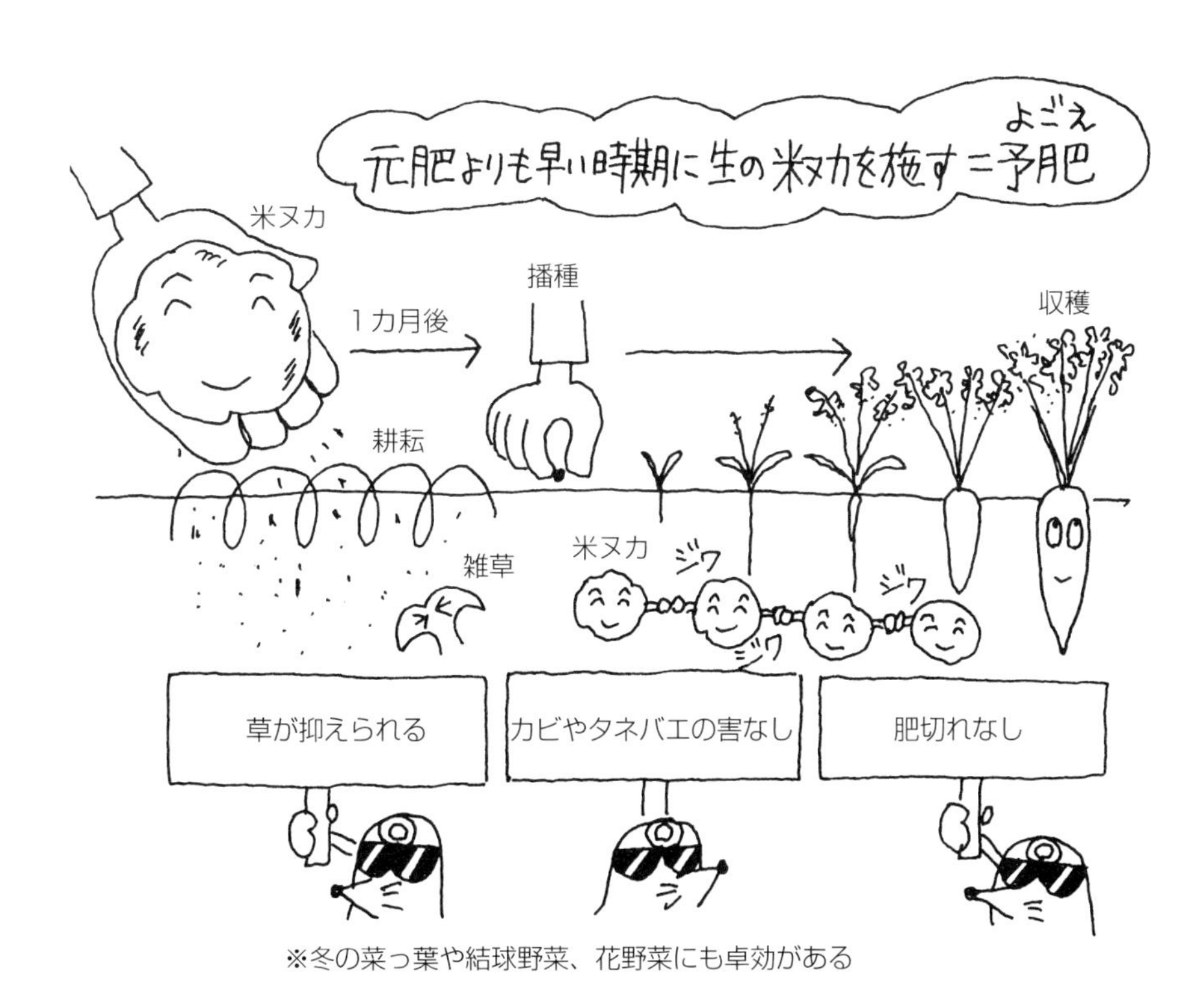

図2－10　米ヌカの予肥は一石三鳥

でも違いが出る。実際、ニンジンの栽培で一a当たり一〇〇kgの米ヌカを入れた砂地の畑よりも、完全無肥料栽培の粘土質の畑のほうが立派なニンジンがとれることもあるのだ。

だから、それまでの経験をすべて踏まえて最適の施肥量を決めるのが百姓の最高の技であり、それは耕作している者にしかできないといえる。とはいえ、異常気象の頻発する昨今、ちょうどいい施肥量を決めるのは本当に難しい。私もよく失敗する。本書では野菜別のつくり方のところに施用量の目安を書いたが、これに関しては自分の経験で技術を磨いてくれとしかいいようがない。

＊施肥量の表記は基本的に、全層施肥や追肥の場合などは一a当たりで示し、ウネに施肥する場合などは一m当たりで示した。なお、一a当たりの施肥量は一〇〇で割ると一m²当たりの施肥量になる。

5 モミガラは万能資材

私にとってモミガラは基本資材のひとつで、欠くことのできないものである。その使い方も多岐にわたる。堆肥材料、保温材料、土壌改良材、防草用敷料、乾燥防止材料、くん炭材料、温床材料などとして使われる。

ここではモミガラ堆肥のつくり方と、それ以外の用途での使い方を紹介しよう。

軽くて扱いがラク

堆肥というと、牛糞など厩肥（家畜糞尿）を発酵させてつくったものと思われがちだが、植物の繊維が十分含まれている材料なら何でも堆肥にできると思っていい。たとえば雑草はすばらしく肥料分に富んだ堆肥材料だし、木の皮（バーク）やオガクズも分解は遅いが、時間をかければいい堆肥になる。ワラはもっとも一般的な材料だが、水を吸うと通気性が悪くなり、切り返しも重たいのが難点だ。その点モミガラは、発酵前はもちろん、発酵したあとも軽く、スコップで軽く切り返しができるので扱いがラクだ。

しかも材料は稲作地帯なら、ライスセンターから、おそらくタダで大量にもらえる。場合によってはダンプを使わせてくれるかもしれない。自分で運んでも袋に詰めて軽トラで運べば、手間はかかるが一度に二〇〇～三〇〇kgはラクに運べる。冬のヒマなときに運んでおくと堆肥の材料としてこと欠かないし、春には温床の材料としても重宝する。

堆肥に積むモミガラは新しい乾いたモミガラよりも、一年以上積み置いた湿ったモミガラのほうがいい。ただ、冬から春にかけての季節風で飛ばされるから、防風ネットを編んで幅広くしたネットを上にかけておくことがおすすめだ（写真2―12）。

大量の米ヌカを混ぜる

モミガラ堆肥をつくるといっても、最低限必要なのはモミガラと米ヌカと水だけで、それに家庭から出た生ゴミや売れ残ったクズ野菜など水分の多いものを加えるのもよい。

材料の比率が重要である。米ヌカは相当な量必要で、モミガラ一m^3に最低でも五〇kgは必要だ。量って仕込んでいるわけでもないので、正確にはいえ

写真2−12　積んだモミガラの飛散防止に、防風ネットをかぶせておく
写真2−13　モミガラに米ヌカを混ぜる。モミガラ$1m^3$に米ヌカは最低50kg
写真2−14　米ヌカと混ぜたモミガラをどんどん積み込む。途中で生ゴミ（ジャガイモのクズイモなど）も材料として加えると、水分補給と発酵微生物の養分になる
写真2−15　ブルーシートをかけ、まわりに重石をおけば、仕込み完了

ないが、チッソ飢餓を起こさないためには、一〇〇kg近く必要かもしれない。

つくり方はモミガラの上に米ヌカをのせて切り返し、適当に混ぜた混合物を積んでいくだけ（写真2—13、写真2—14）。最後に水をかけても水は中までしみ込まないから、少し積んでは水をかけ、さらに積むということをくり返す。

生ゴミや野菜クズのような水分の多い材料は適当に混ぜ込むと、水分の調整や微量成分の追加として有効だ。

週に一度は切り返す

積み終えたらさらに水をかけ、乾燥防止のためブルーシートで覆う（写真2—15）。

気温にもよるが、夏は一日、冬でも一週間ほどで発酵が始まる。最高七〇度近くまで上がるから、通常数日で中

写真2－16　右が仕上がって黒ずみ、水をよく含んだモミガラ堆肥、左は発酵途中のもの

がカラカラに乾くまでになる。あまり乾燥すると固くなって切り返しに苦労するから、できれば完全に乾燥する前に切り返す。

　切り返しも水をかけながら行なう。固く乾燥したときはスコップでは歯が立たないので、フォークで崩しながら切り返すとよい。三日に一度くらい切り返せれば理想的だが、実際には難しいので、一週間に一度以上やればＯＫだ。発酵の初期はいくら水をかけても乾燥するが、後半は温度が下がって水分が飛びにくいので、水かけは控えたほうが出来上がりが軽くて扱いやすい。できれば後半だけでも、雨を防ぐために屋根のあるところで切り返しができる条件がほしい。

　温度が下がって、米ヌカの発酵臭もほとんどしなくなってきたら出来上がりである（写真２―16）。軽いのでガラ袋に入れてラクラク運んだりまいたりできる。厩肥を材料とした堆肥のように反当たり何ｔもやれば堆肥だけで栽培できるが、とても体がもたないので、最近私は根まわりだけに施用することにしている。また、苗用の培土にも必須の材料である。

イモ類の貯蔵や芽出しにも

　モミガラは断熱材としても優秀な素材性を発揮するが、ふつうの保温材と違うのは、それ自体で発酵して熱を発生することだろう。この性質を用いてイモ類の貯蔵や芽出しなどに利用できる。詳しい使い方は各作目の項を読んでほしい。

土壌改良剤として

　モミガラは土壌改良剤としても優秀な資材だ。ケイ酸分を多く含む有機物なので、固くて分解は遅いが、土中で腐るのが遅いぶん、チッソ飢餓を起こしにくい。生で入れても、やや肥料分を多めにやれば、どの野菜も何の問題もなく生育する。ただ、土中の毛細管は遮断されるので、乾燥にだけは注意が必要だ。

モミガラマルチで雑草対策に

モミガラを雑草対策に使うことができる。ただし、風の強い時期は飛ばされるので、主に初夏から秋にかけてしか使えない。完全に草を生やさないようにするにはかなり厚く敷く必要がある。ワラと違って片づけの際、すき込みやすいのがありがたく、有機物補給にもなる。ただし、入れすぎは乾燥やチッソ飢餓を起こす心配があるので注意が必要だ。

播種や定植後の乾燥防止に

ニンジンなど発芽まで乾燥を嫌う野菜には、播種後表面に薄く敷くと乾燥防止に役に立つ。また、サツマイモの定植後、マルチの上に敷いておくと、活着までの乾燥害を抑えることができる。

くん炭材料に

モミガラくん炭は育苗用土に使ったり、ショウガやサトイモの芽出しの際、充填材として使うなど利用範囲が広いので、ぜひ焼いてストックしておきたい。ここではつくり方は書かないので、他の本を参考にしてほしい。

温床材料として

モミガラは堆肥材料として使われるぐらいだから、発酵資材として優れている。ただ、温床材料として使う場合、通気性がよすぎて短時間で熱を出し切るから、通気性の悪いワラなどと併用して使う。ただし、移植時など短期間（二～三日）の保温でたくさんの場合（簡易温床）、モミガラと米ヌカだけでも十分だ。

6 マルチの超活用法

マルチの効用は地温上昇と雑草対策だけではない。使い方次第では害虫対策にも利用できる。すべての害虫に応用できるというわけではないが、無農薬栽培の強力なパートナーである。

黒マルチでウリハムシ被害が減る

黒マルチを張ると確実にウリハムシの被害が少なくなる。黒マルチと無マルチで並べて植えてみると一目瞭然。甚だしい場合にはマルチ区が虫害ゼロなのに、横の無マルチ区はウリハムシの虫害で枯死したりする。テントウムシダマシやヤサイゾウムシでも効果があるようだ。虫がマルチを水面と勘違いして近づかないのではないか。

というのも、秋にマルチを張ったところ、赤とんぼ（アキアカネ）がマルチにせっせと卵を産んでいたのを見たからである。昆虫にとってはマルチが水面に見えるようだ。確かに自然界で鏡のように姿を映すものは水面しか存在しない。鏡のようにきれいにマルチを張ると水面のように見えて、害虫が近寄らない可能性はある。特にウリハムシのように幼虫が根を食害する昆虫では、水中では生活できないため、水面に近づかないよう遺伝的にプログラムされているのかもしれない。

コガネムシ対策に全面マルチ

サツマイモに大被害を及ぼすものとしてコガネムシがある。コガネムシの幼虫は食用とするイモの部分を食い荒らすから始末が悪い。ふつうのマルチ栽培では何の効果もないが、これが全面マルチだと侵入経路が遮断されるからほとんど被害が出ない。

ポイントは全面マルチの方法である。最初から全面マルチだと、強風で確実に飛ばされる。だから、ウネ幅よりも広いマルチをあらかじめすそをたたんだ状態でかけ、野菜が大きくなった頃にすそを広げて重ね合わせ、土を見せない全面マルチとする。

この方法は雑草対策も完全で、生えた草を隠すことさえできれば、草引きも中耕も不要で雑草を完全になくすことができる。サツマイモの場合は、そのつるで完全に覆われるからマルチで地温が上がりすぎる心配もない。

第3章

果菜類・マメ類のつくり方

トマト（ナス科）

有機栽培の難敵

スタミナ切れをどう乗り切るか

　トマトは夏野菜でも一、二をあらそう人気野菜だ。その中でもトマトといえば「桃太郎」というぐらい、タキイ種苗の「桃太郎」シリーズは人気が高い。グルタミン酸が多く、味がいいからである。私も大玉トマトは「桃太郎」シリーズしかつくったことがないが、果菜類の中でもダントツにつくりにくいといっていい（写真3―1）。

写真3－1　桃太郎トマトはスタミナ切れするので、有機栽培ではつくりづらい

　なにせ、二段果房が太った頃から急激にスタミナ切れを起こす。スタミナ切れを起こすと花が小さくなって、さっぱり実をつけないし、逆に少しでもコヤシが効きすぎると異常茎になって芯が止まる。

　生育途中からは肥培管理が完璧でないと多収できないのが「桃太郎」の特徴であり、肥効を自由にコントロールできない有機栽培にとっては非常に難敵である。特に後半のスタミナ切れのときに回復させるのに相当苦労する。最初からスタミナ切れを起こさないような施肥設計をすればいいのだが、これが本当にやっかい。ウネ間に米ヌカ

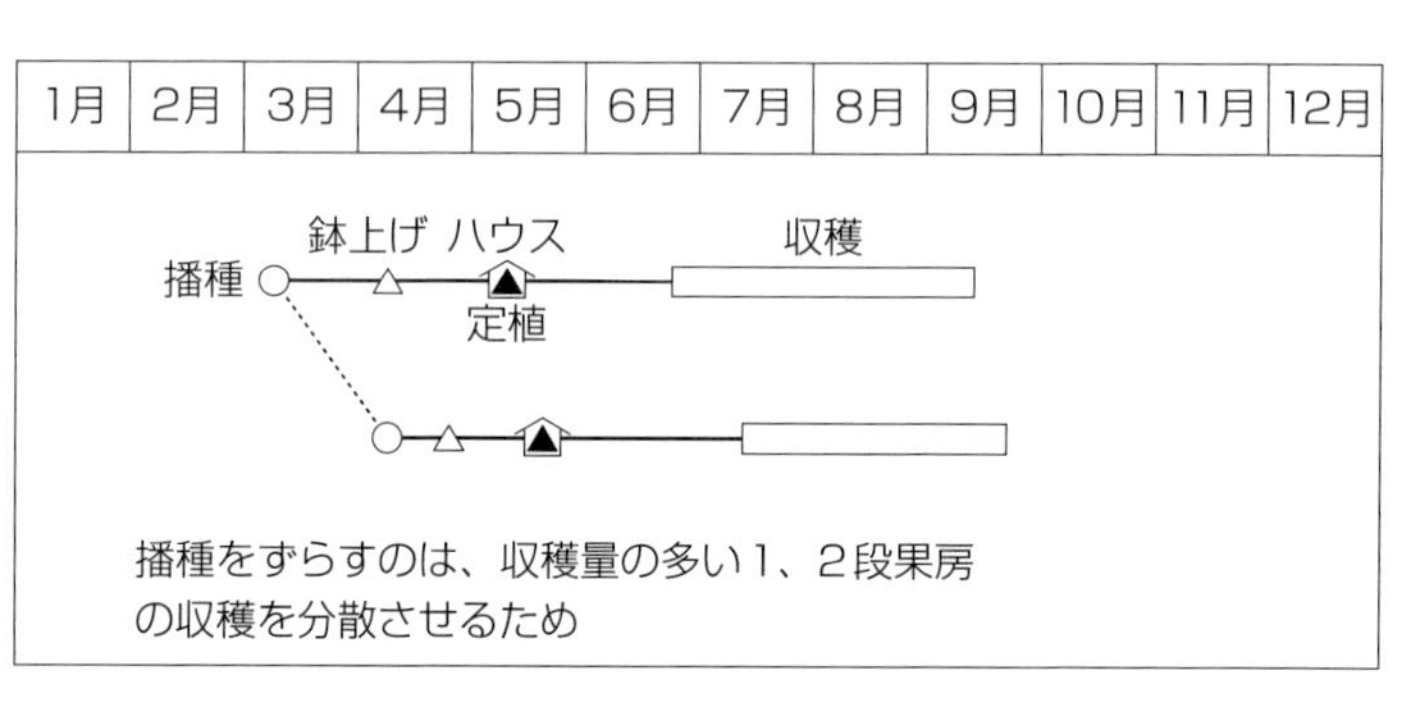

図3－1　トマト（ミニトマト）の栽培暦

とモミガラ堆肥を埋めたり、魚粉をまぶしたモミガラ堆肥を敷いたり、有機液肥をかん水したりと悪戦苦闘するも、なかなか決定打に恵まれない。前作によっても肥効が大きく違い、春先無肥料で二作も菜っ葉をとったりするとスタミナ切れも早くなる。「桃太郎」の追肥に関しては今後の課題とするしかなさそうだ。

トマトの苗は寒さには強い

タネを播くのは三月の上旬頃。トマトの苗は生育が早いので、私は一二八穴（一一号）のペーパーポットに播いている。前年のサツマイモの温床をハウスの中で堆肥に積んだものにのせて発芽させる（27ページ）。ワラを使った温床あとを堆肥に積むと温度が長持ちして使い勝手がいい（ただし切り返しには重い）。温度は三〇度を超えないよう、苗箱の下の苗箱「座布団」の厚さで調節する。前年の温床あとがなければワラとモミガラと米ヌカを使って温床を踏む。

夜はまだ冷えるのでイネ用の保温シートをかける。トマトの苗は寒さには相当強いので、温度の上がりすぎさえ気をつければ管理は簡単である。また、発芽の際四〇度を超えるような高温になると、トマトの種子は勝手に休眠し、適温になってから発芽するという性質がある。だから、もし高温になりすぎて発芽しないようなときも、捨てずに様子を見ること。場合によっては八割以上、悪くても半数は発芽すると思っていい。

播種から三週間ほどして、苗箱の中で込み合ってきたら一〇・五cmのポリポットに鉢上げする。トマトの苗は低温でも活着するが、できれば鉢上げ後、モミガラと米ヌカを発酵させた簡易温床に置く（29ページ）。ハウス内の冷床でも生育が少し遅れるだけだ。パイプハウス内に定植する前には、一五cmほどに伸びたら徒長しないように露地で育苗するといい。そのほうがアブラムシもつきにくい。

植え溝にモミガラ堆肥

ハウス内の定植は不耕起で十分。植え付け場所だけ溝を切って、モミガラ堆肥を敷いて定植する。できれば前作はネギ類が合うようだ。コンパニオンプラントでネギやニラが合うと書かれているものがあるが、実際にはトマトが大きくなると生育が悪くなるので、前作でネギ類（葉ニンニク、極早生タマネギ、葉タマネギなど）をつくったほうがいいようだ。

定植したら、風で倒れるほど育つ前に誘引する。誘引方法には多数あるが、私は屋根のパイプから太いジュート製の根巻きヒモを垂らし、それにバインダー用のジュートヒモをつなぎ、地面に張った針金に結んで、そのヒモに誘引するという方法だ。特別な資材は不要で、片づけも簡単。誘引も単に茎をヒモに順次巻きつけるだけでいい（図3―2）。ちなみに、根巻きヒモは二～三年は使える。

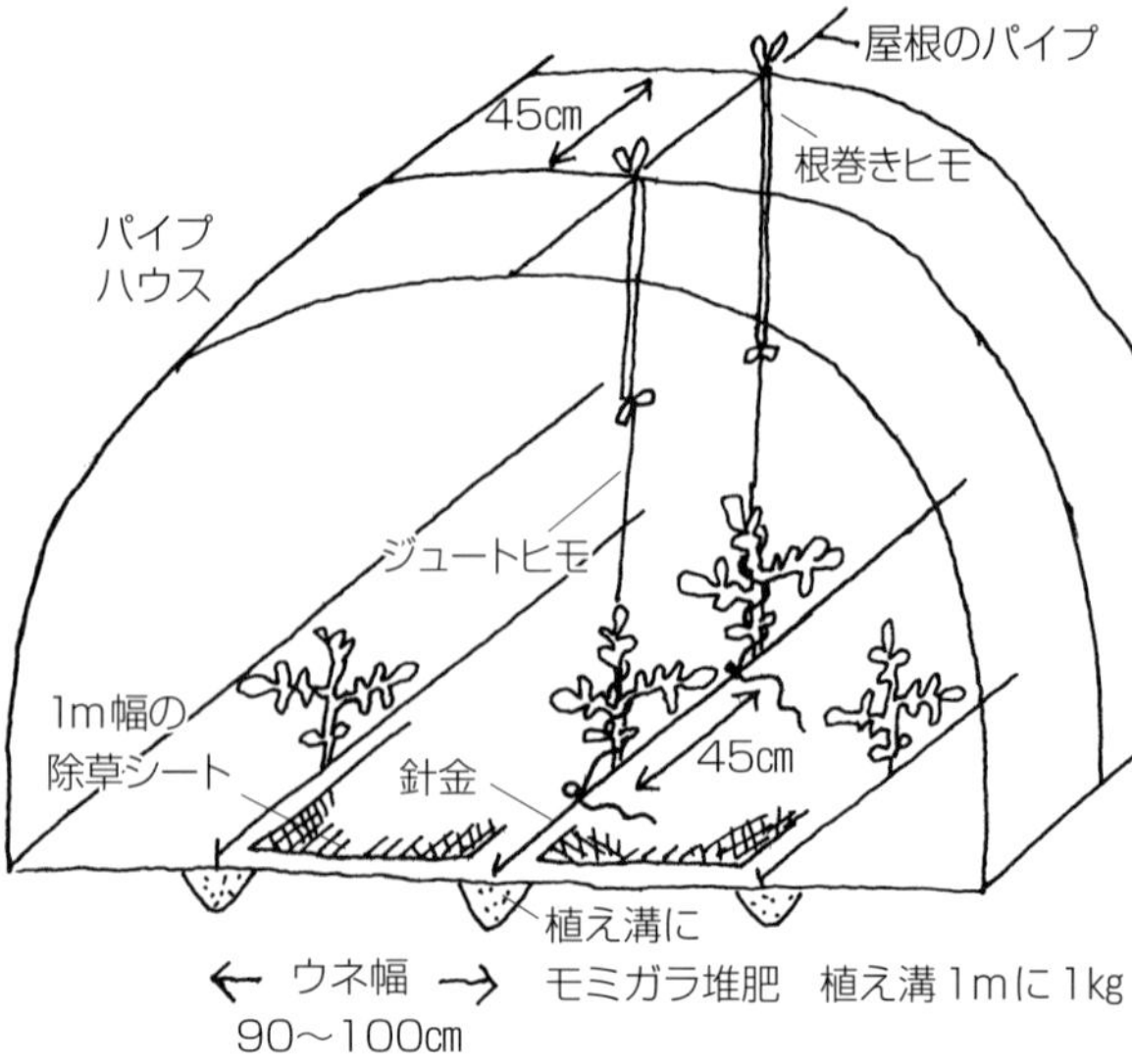

図3－2　トマトの施肥と誘引

ウネ間の防草シートで水分調節

私はウネ間に一m幅の防草シートを敷いている。これは雑草よけと乾燥防止のためだが、かん水もこの防草シートの上に流して行なっている。防草シートは水を少しずつしか通さないので、点滴かん水のように浸み込み、すべて浸み込むと表面が乾燥してハウス内も湿気がこもらない。ちなみに有機栽培ではかん水を控えて高糖度にしようとするのは無謀なのでやめたほうがいい。水分が多すぎても裂果が増えるので、防草シートの下が常にやや湿っている程度がいい。

わき芽が伸びてきたら大きくならないうちに摘む。間違って芯が折れたり異常茎で芯止まりしたときは代わりにわき芽を伸ばす。

着果の悪いときは受粉振動器を使う場合もある。ただし、花房の勢いが弱いのに無理やり着果させても、あとでさらに樹が弱るので、着果は基本的に樹勢任せ。樹勢さえちょうどよければ、最近の桃太郎はたいてい着果する。

病害虫対策は品種と樹勢維持で

病気は基本的に抵抗性品種を使うことによって抑える。私のところでは葉カビや灰カビが出ることがあるが、たいてい樹勢が弱ったときなので、樹勢の維持がいちばんの防除となる。

害虫はアブラムシ・テントウムシダマシ・フキノメイガ・オオタバコガ・ハスモンヨトウなどがつく。このうちフキノメイガは茎に食い込んで枯らすので致命的だが有効な対策がない。ハウスを土手の近くにつくらないことやハウスまわりの雑草をなくすぐらいか。私のハウスは大きな土手の横にあるので、例年被害が大きい。

他の害虫は捕殺するしかない。アブラムシは殺しきれないので、天敵のナナホシテントウやヒラタアブなどに殖えてもらうしかない。少ないときは他の畑で捕獲して放しても有効だ。

大玉トマトでは、あまり実のつきすぎたときは摘果しないと、実が小さくなったり樹勢が弱ったりする。桃太郎では一花房三玉ぐらいが理想的だろう。チャック果や奇形果を中心に摘果するといい。

市場出荷と違い、直売では樹上で完熟させたものだけを売りたい。収穫した実は傷みやすいので重ねず、必ず一段積み厳守だ。

トマト嫌いの子どもが多いと聞くが、子どもの頃から完熟したトマトを食わしていれば、嫌いな子は相当減ると思う。嫌う子が悪いのではなく、まずいトマトが悪いのである。

▼果菜類の未熟型と完熟型——初心者には未熟型がおすすめ

キュウリ、トマト、ナス、カボチャなど、実のなる野菜を果菜類というが、栽培上は二種に大別できる。いわば「未熟型」と「完熟型」である。

未熟型はキュウリ、ナス、緑ピーマン、サヤエンドウ、オクラ、サヤインゲンなど、タネが充実する前に収穫するものであり、完熟型はトマト・メロン・スイカ・カボチャなど、タネが完熟してから収穫する野菜である。エダマメやグリーンピース、スイートコーンは「完熟」とはいえないが、タネは発芽能力を持つから、「完熟型」に入れていいだろう。

なぜこの二種を分けるかというと、植物はタネをつけるときに莫大なエネルギーを必要とする。人も出産から育児まで多大なエネルギーを使うが、植物の場合は育児がないぶん、子孫繁栄の期待をすべてタネに注ぎ込むから、見た目からは信じられないほどタネの充実で消耗する。

あの強健なカボチャでさえ、収穫直前には一気にウドンコ病が広がるし、スイカやメロンは収穫手前で枯れ上がることも多い。

逆に、タネをつける前に収穫するナスやキュウリなどは、水とコヤシさえ切れなければ、いやになるほど次から次へと実がつく。

未熟収穫と完熟収穫はそれほど違う。だから、百姓初心者には絶対「未熟型」がおすすめだ。もっとも「完熟型」も、タネをつける頃に馬力をのせられるように肥培管理すれば必ずしも難しいとはいえない。

カボチャ（ウリ科）

露地の完熟型ではもっとも早くとれる

定植直後の米ヌカで馬力をのせる

カボチャは「完熟型」果菜類の中ではもっとも収穫が早く、丈夫で栽培が簡単な野菜だ。完熟型とはいえ、定植直後に長効きの米ヌカを振っておけば、実が太ってきて馬力が必要な時期に米ヌカが分解して肥料が効いてくれる。

つる性なのでウネ間も株間も広くとる（図3―4）。ウリハムシ予防と地温上昇のために黒マルチは必須である。寒さには霜に当たらない限りは強いが、暑さには弱いので、他の夏野菜のように遅く植えてはいけない。

立体栽培ならラクで収量もあがる

台風の影響が少ない時期なので、手間さえ許せばキュウリネットに這わせて立体栽培にすると、日焼けの心配も少なく実もきれい。収穫もラクで収量もあがる。ただし、パイプはキュウリよりも頑丈に組む。この場合、ミニカボチャが適しているが、大玉でも可。六月に台風が来ると手痛い打撃を受けることだけが難点である。

米ヌカはウネ間に大量に

コヤシは元肥にはモミガラ堆肥と少量の魚粉。定植直後に、ウネ間に米ヌカを大量に振って（一ａに五〇～一〇〇kg）、ロータリをかけておく。これで追肥は終了。カボチャはコヤシが切れると一気にウドンコが広がるの

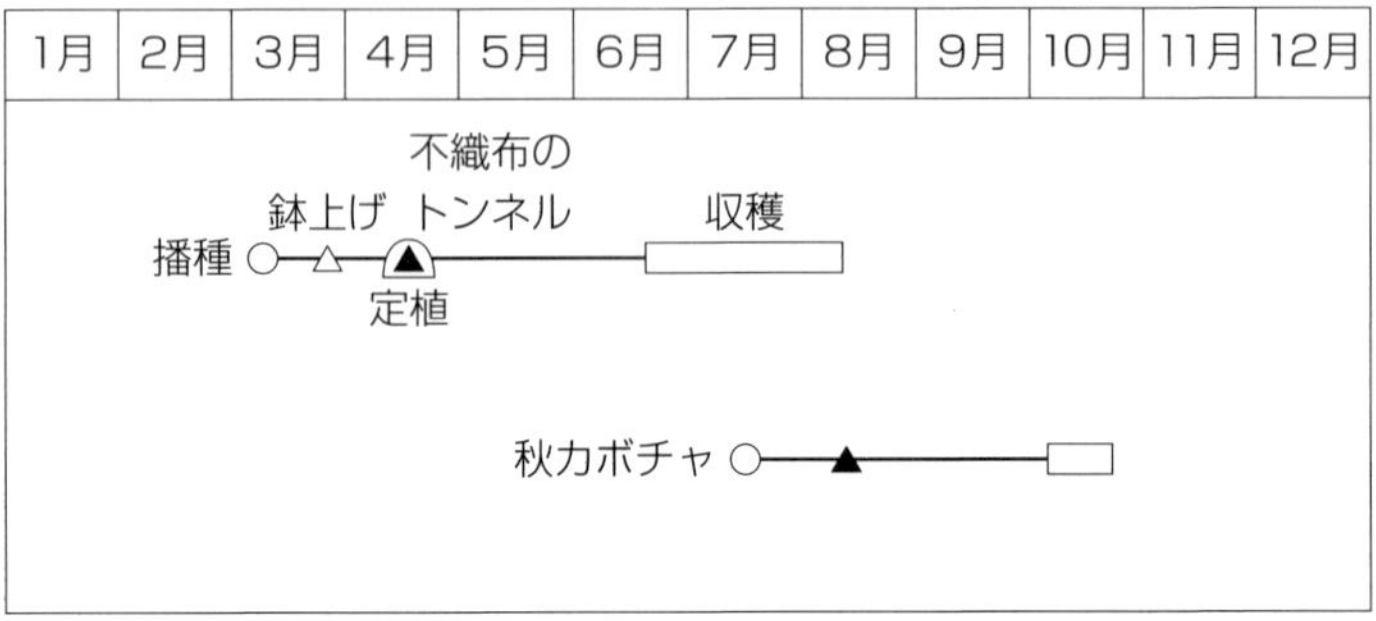

1月
2月
3月
4月
5月
6月
7月
8月
9月
10月
11月
12月
不織布の
鉢上げ トンネル
収穫
播種
定植
秋カボチャ

図3－3　カボチャの栽培暦

で、肥切れだけは注意が必要だ。

定植したら不織布のトンネルをかける。ビニールやポリのトンネルよりも簡単で換気の手間もいらない。弱い霜ぐらいならこれで十分防げる（詳しくはズッキーニの項を参照）。

トンネルの中で親ヅルが伸びてきたら摘心しておく。トンネルは春の強風が収まる頃にはずし、中耕・敷きワラをする。立体栽培ならパイプを組んでネットをかければ、ウネ間に防草シートを敷くだけでいい。

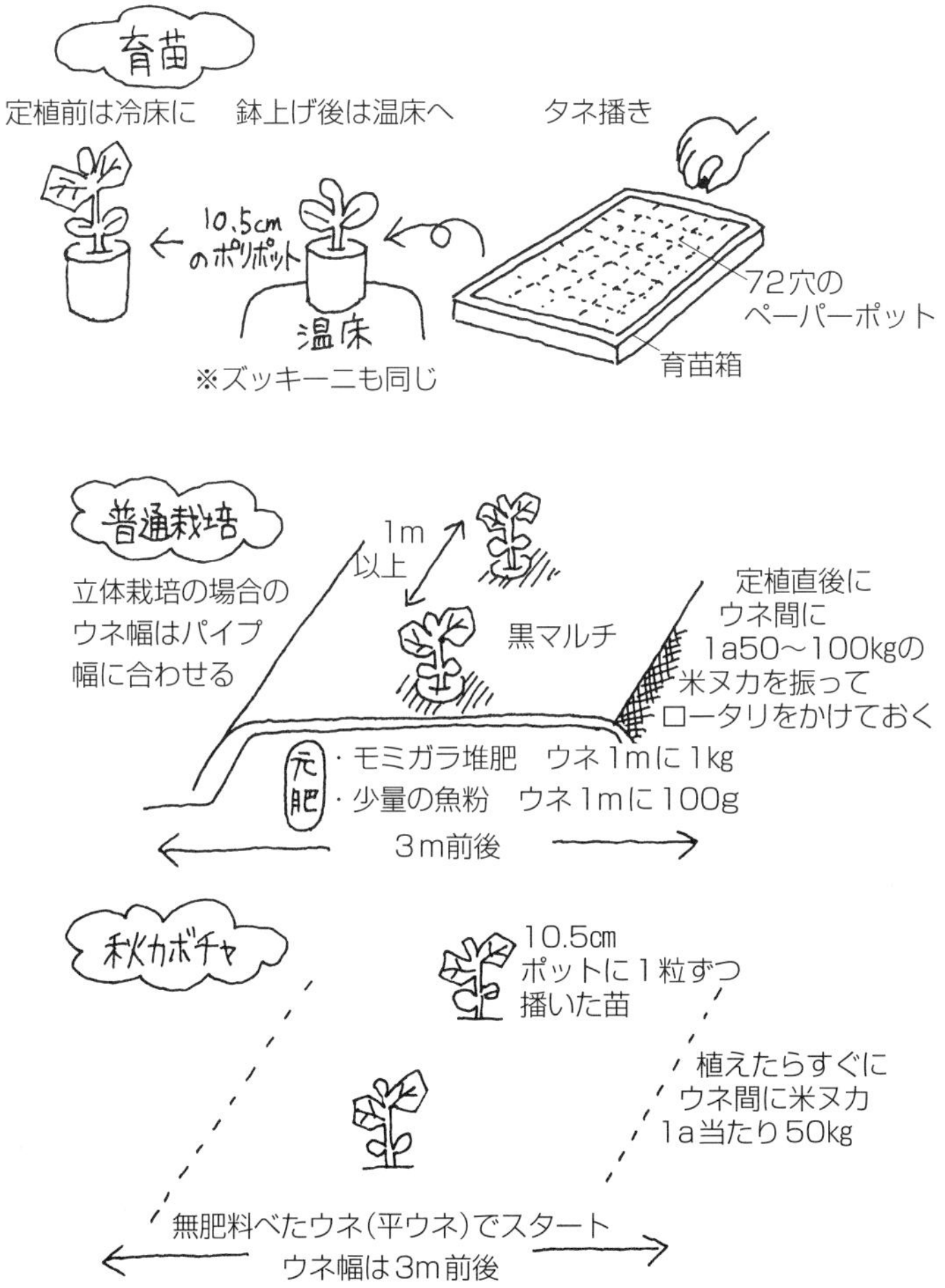

図3－4　カボチャのウネと施肥

実がついてきたら株元に近い実だけ摘果する。これで樹勢が弱らず大きな実がつく。立体栽培でないときは、実の下に段ボールなどを敷かないと虫が食い込む。

梅雨明け後は強い日差しで日焼けにも気をつけなくてはいけない。なるだけ完熟するようにと畑に置いておくと日差しと高温で質の劣化が激しいから、夏に涼しい地域以外は成り首がコルク化して一週間ほどたったら、適当な頃合いを見て収穫するのがいちばん大事だ。

秋カボチャがおもしろい

他の中南米の高地原産の野菜にもいえることなのだが、カボチャは夏野菜にもかかわらず暑さに弱い。本州以南でカボチャをつくると、収穫期に入った途端に「日焼け」に悩まされる。それだけならまだしも、盛夏に入ると粉質度が急に落ちてくる。

当地いわきでは、八月に入ったら水っぽくなり、お盆を過ぎたらもうまったく売り物にならない。これは、二八度以上の高温ではデンプンが分解されて糖に変わるのが原因らしく、この性質を利用して産地では収穫後少し置いて甘味をのせてから販売する。これが適度ならいいのだが、やはり日本人は粉質のカボチャが好きだから、あんまり粉質さがなくなると、もういくら甘くても商品価値はない。甘味は砂糖でつけられるが、粉質性はつけようがない。

とにかく味がいい

だから、暑さに弱いカボチャは夏に播いて秋に収穫する作型がおもしろい。多収は望めないが、普通栽培に比べてメリットがたくさんある。列挙すると、

1. 暑い時期に播くので、育苗がラク
2. 定植時は無肥料・無マルチで省力、無マルチでもウリハムシの被害は軽微
3. 登熟時は気温が下がっていく時期なので、接地部分の虫食いが少ない（マットなどを敷く手間が省ける。ただし、市場出荷では着色のために必要かも）
4. とにかく味がいい。しかも味が落ちるのが遅い。冬至カボチャとして出すのに最適

干ばつや台風害は受けやすい

いっぽう、デメリットもある。二番果は完熟しないうちに寒くなるので収穫できず、普通栽培に比べ収量は落ちる。また、栽培時期が盛夏から晩秋にかけてとなるため、夏の干ばつや台風の影響を受けやすいことなどである。

ただ、今の時代はほとんどの地域で耕地余りの状況だから、少しぐらい土地生産性が悪くても、栽培面積を増やせばいいだけだ。なにせ省力栽培ですむのだから。

播種は早くても遅くてもだめ

重要なのは播種時期である。私のところは七月十五日と決めている。東北北部ではこれより早く、関東以西は少し遅くすればいいのだろうが、実際には何度か実験的につくってみて播種適期を決めるしかない。

適期より三日早いと味が落ちて、接地部分の虫食いも増え日焼け果も出やすい。逆に三日遅いと着果遅れのもの

が完熟しない。

品種はいろいろあるが、私はミニカボチャの「坊ちゃん」（みかど協和）、「栗坊」（サカタのタネ）、大玉の「錦芳香」（渡辺採種場）をつくっている。

育苗は一〇・五cmポットに一粒ずつ播種し、適当な大きさになったら無肥料・無マルチで畑に定植する（写真3―2）。

写真3－2　無施肥、無マルチで定植した秋カボチャ

栽植密度は普通栽培と同じでいい。立体栽培は台風が来るとパアになるから、地這い栽培のほうが安心。

植えたらすぐウネ間に米ヌカを一a当たり五〇～一〇〇kg振ってロータリをかける。これで施肥はすべて終了。米ヌカは一時的な草よけにもなる。親づるが伸びてきたら摘心し、子づるが伸びてきたら、ウネ間を再び中耕して敷きワラをする。最近はワラの用意が大変なので、防草シートと併用している（写真3―3）。

写真3－3　つるが伸びてきたら敷きワラをしてウネ間に防草シートを敷く。あとは収穫まで放任

「坊ちゃん」は着果したら株元の実は摘果したほうが大きな実がつく。「栗坊」は摘果しないほうが収量があがるようである。

管理はこれですべて。着果が早めの年は接地部分から虫が入るので、マットを敷いたほうがいい。よほどの干ばつのときはかん水もするが、たいていは放任でいい。

着果は九月初旬、収穫は十月になる。日焼けの心配もないから、収穫を急ぐ必要はないが、完熟したら早めにとったほうがきれいで商品価値は高い。味の劣化はきわめて遅いので、ゆっくり販売できる。

ズッキーニ（ウリ科）

端境期の救世主

未熟果をとるから栽培は簡単

　露地野菜を直売するものにとっては、四～五月は売るものがもっとも少ない端境期といえる。あるのは、菜っ葉や芽もの（ニラやアスパラ、葉タマネギ）、晩抽性のネギぐらいで、ようやく五月になってからレタス類や春キャベツ、トンネル栽培のダイコンやカブが出てくる。果菜類ではエンドウ類があるが、ほとんどが葉菜類と根菜類だ。

写真3－4　露地野菜の端境期である5月にとれ始めるズッキーニ

　こうした中で、もっとも早くとれだす夏野菜がズッキーニである（写真3－4）。私が百姓を始めた頃は超マイナー野菜で人気もイマイチだったが、最近では使い方も知れ渡ってきたし、結構人気も高い。しかも市場価格が意外と高いので、一本一〇〇円ぐらいで売っても非常に喜ばれたりする。百姓としては一本一〇〇円なら十分すぎるほど採算がとれる。

1月	2月	3月	4月	5月	6月	7月	8月	9月	10月	11月	12月

不織布トンネル　収穫
播種　鉢上げ　定植
秋作

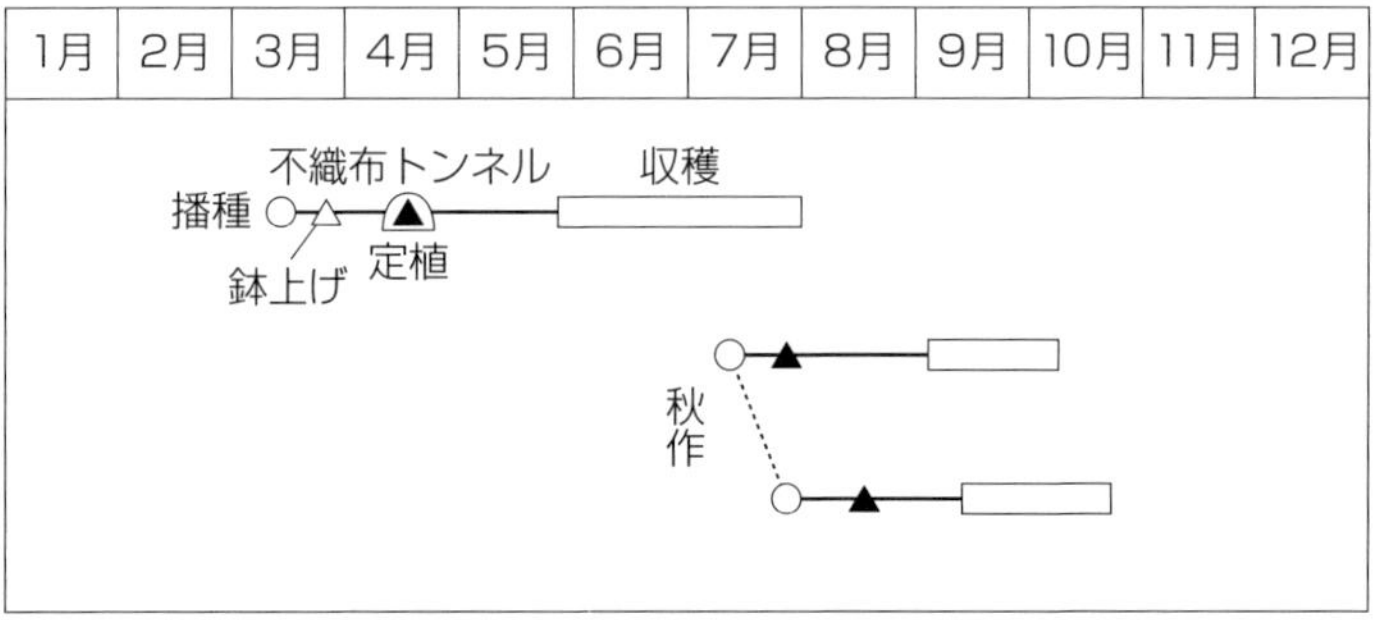

図3－5　ズッキーニの栽培暦

　ズッキーニはカボチャの仲間なので、夏野菜の中ではトマトと並んで低温伸長性が高い。さらに未熟果を収穫するので、トマトよりはるかに早くから収穫できる。露地で五月から収穫が始められる夏野菜はズッキーニとつるなしインゲンだけだろう。しかも霜と強風だけ避けられれば、栽培はいとも簡単だ。

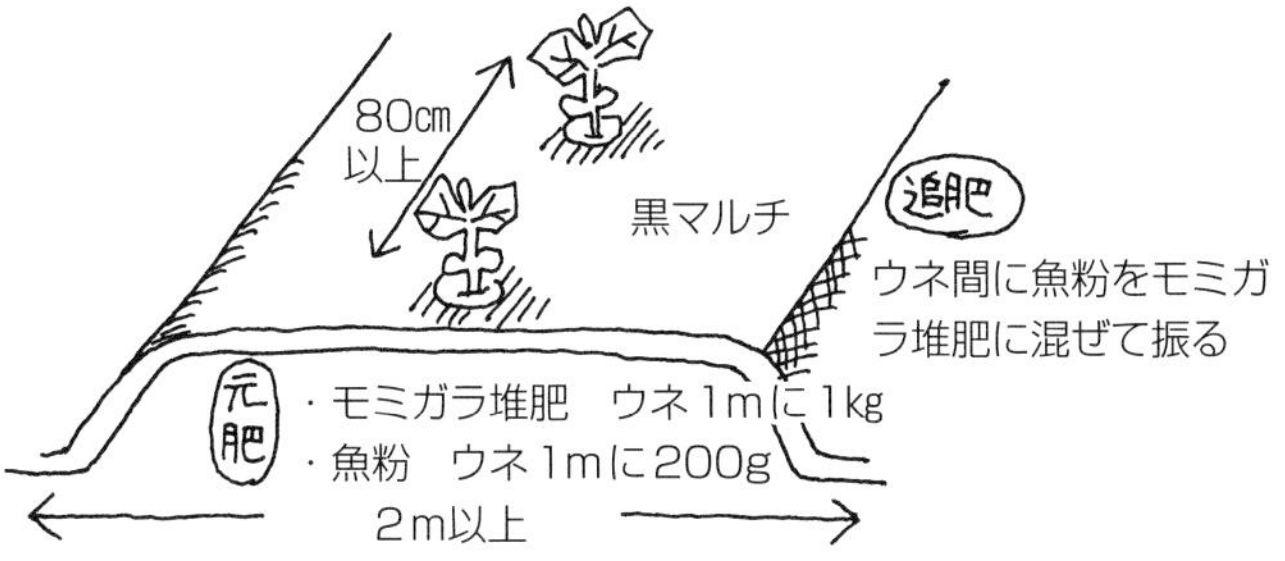

図3－6　ズッキーニのウネと施肥

元肥はモミガラ堆肥と魚粉

早くから露地でズッキーニをとろうとするとタネ播き時期が重要だ。氷点下の冷え込みがなくなった頃に定植できるように苗をつくる。弱い霜なら、べたがけのトンネルで防ぐことができ、換気しなくてもいい上に、がっちりした生育になる。

私のところなら春の彼岸前に七二穴のペーパーポットにタネを播き（プラグトレイでも可）、一〇・五cmのポリポットに鉢上げする。もちろん温床育苗。定植前は冷床で寒さに慣らすのは、春苗の定石である。自家不和合性があるのか、品種は複数使ったほうが着果がいい。

定植時のコヤシは定番のモミガラ堆肥と魚粉。生米ヌカは効きだす頃には収穫が終わってしまうので使わない。地温上昇とウリハムシよけに黒マルチは必須。

ウネ幅は二m以上とったほうが収穫がラクだ（図3―6）。株間は八〇cm以上はほしい。植えたら風に振りまわされないように、べたがけ固定用のクシなどで押さえておく。

定植したらすぐに不織布のトンネルをかけるが、ふつうのかけ方だと犬猫が上を歩くと穴をあけられるし、風にも弱いので、トンネル枠をウネにほぼ平行に挿し、苗だけを隠すようにかける（写真3―5、写真3―6、写真3―7）。これで動物は上を歩けないし、風にも強くなる。春の強風が収まる頃不織布をはずす。収穫期は毎日歩くので、ウネ間には防草シートを敷いておいたほうが快適だ。

順調にいけば五月末には収穫が始まる。追肥は魚粉をモミガラ堆肥に混ぜてウネ間に敷いておけばいい。防草シートを敷いていれば、その下に施用する。収穫最盛期は一カ月半ぐらいで短いが、そのうち夏野菜がどんどん出てくるので、遅くまでとれる必要はない。

秋作もおもしろい

夏野菜の最盛期が過ぎ、秋野菜の最盛期まで間のある九月から十月にとる夏播きの作型もおもしろい。

播くのは七月の中下旬。台風害の心配から二～三回に時期をずらして播くほうが安心だ。暑い時期なので、育苗は超簡単。最初から一〇・五cmポットに一粒ずつ播いて、適当な大きさになったら定植してやる（古くて発芽の悪いタネなら、育苗箱にすじ播きして、発芽したものをポリポットに移植してやる）。

定植には地温を下げるために白マルチをかけるか無マルチで無肥料出発。この場合はウネ間に米ヌカを振ってすき込む。暑い時期なので、すぐに分解してコヤシとして効いてくる。台風で振りまわされないよう、定植後は春同様に根元を固定するが、あとは収穫まで放任栽培。タネ播きから四五～五〇日ぐらいであっという間に収穫が始まる。

写真3－5　定植したらすぐに不織布のトンネルをかける。トンネル枠をウネにほぼ平行に挿すと、犬猫に穴をあけられることもなく、風にも強い

写真3－6　出来上がった不織布トンネル。ビニールトンネルと違って換気の手間もなく、高温で軟弱に育つこともない

写真3－7　不織布トンネルを中から見たところ。弱い霜ならこれで十分

ナス・ピーマン（ナス科）

未熟型の長期どり果菜類

米ヌカと魚粉の追肥で肥切れなし

写真3－8　鈴なりのピーマン。未熟型の果菜類は栽培が簡単

どちらも未熟型の長期どり型果菜類であるナス・ピーマン（写真3―8）は、栽培方法も比較的簡単でほぼ同じだ。米ヌカと魚粉の追肥で、連続して晩秋まで収穫できる。連作障害などに気をつければ果菜類の中でも、もっとも栽培しやすい野菜である。

播種と育苗

五月二十日頃に植えようとすると、三月上旬には播種したい。もちろん温床が必要なのはいうまでもない。ナス・ピーマンとも熱帯原産の野菜で、発芽にはもっとも高温を要する。ただ、育苗時の温度管理はキュウリほど気を使わないですむ。凍らない限り枯れることはないからだ。

本葉一枚のときに一〇・五cmポリポットに鉢上げする。苗は冷床で少し

1月	2月	3月	4月	5月	6月	7月	8月	9月	10月	11月	12月

ナス　播種 ○ 鉢上げ △ 定植 ▲ 収穫
ピーマン ○ △ ▲

図3－7　ナス、ピーマンの栽培暦

慣らしてから鉢上げすると活着がいい。移植後はもちろん温床にのせるが、簡易温床で十分。三日もあれば活着する。この頃には露地でもほとんど霜の心配はなくなっているから、活着後はハウス内冷床で管理できる。

五月中旬になれば定植できる大きさになってくるから、大きな苗から露地に移して気温に慣らす。残りの苗も間隔を広げて徒長を防ぎ、大きくなったものから露地の気温に慣らす。アブラムシがついていたら手でつぶすか、天気のいい午前中に牛乳をスプレーして殺す。

ウネ幅は一輪車が通れる広さに

ナス科の野菜（ジャガイモ、ナス、ピーマン、トマトなど）はしばらくつくったことのない畑を選ぶ。水はけのいい土地であることはもちろん、特にナスでは、水源がそばにある畑だとかん水もできて夏の干ばつの際に有利だ。

植え付けは五月で、夏野菜にはまだ地温が低いので、必ず黒マルチを使う。元肥はモミガラ堆肥とわずかの魚粉で、それほど多くはいらない。

重要なのはウネ幅で、自家用につくる農家など、畑が余っているにもかかわらずチマチマ植えているが、もったいないぐらい広くしたほうが収穫作業もラクだし、収量も安定する。株が張った状態でも、ウネ間を一輪車が通れるぐらいでなくてはいけない。最低でも一五〇cmは必要で、できれば一八〇cmぐらいとる（図3―8）。

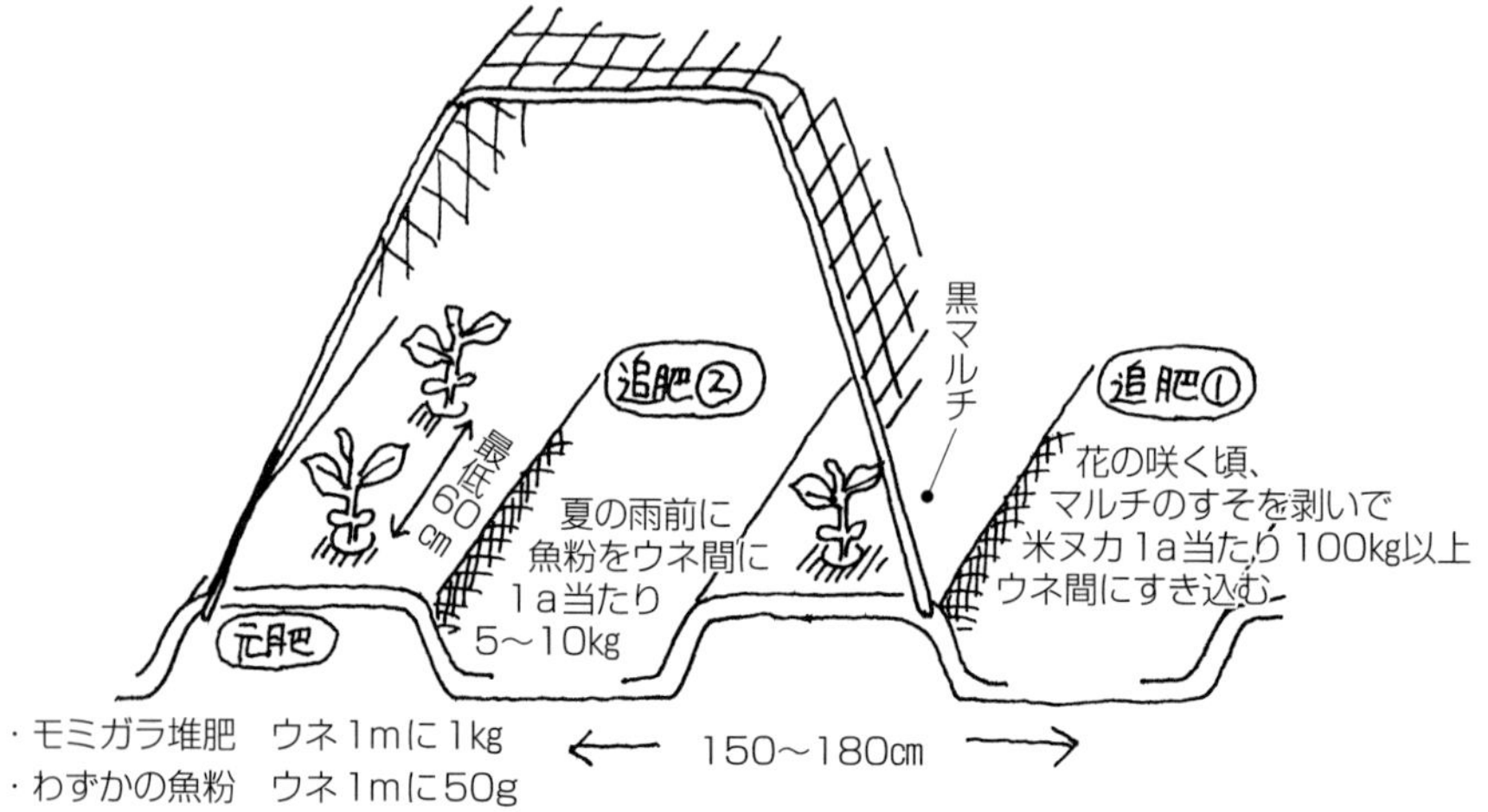

図3―8　ナス、ピーマンのウネと施肥

ナス・ピーマン

株間は最低六〇cmの疎植

定植は風のない晴天の日がベストだが、暖かければいい。土に湿り気があればかん水不要。地温が下がるので、乾燥時以外は水やりはしないほうがいい。

株間は最低六〇cm。苗が足りないときはもっと広くして植える。初期収量は密植ほど多いが、盛夏になれば疎植でも遜色ないか、疎植のほうが勝る。

ナス苗はアブラムシがつきやすいので、植え付け時はよく観察して、アブラムシがついているときはつぶしてから植える。ただ、アブラムシが増えて苗がいじけても、ナスの場合はそのうちいなくなる。生育が遅れるだけで後遺症も残さずに立ち直る場合が多い。

定植したら風で倒される前に支柱を立てる。私は面倒なので、パイプを立てて、キュウリネットを張る。キュウリと違って、パイプにあまり力は加わらないから、二間（三・六m）おきに立てれば十分である。誘引はネットに麻ヒモなどで縛っていく。

花の頃に米ヌカ追肥をドドン

花が咲く頃になると枝も伸びてくるから、上位の強勢な枝三〜四本を残して下位の枝を払う。この頃、マルチのすそを剥いで、ウネ間に米ヌカを振って管理機ですき込む。量は一a当たり一〇〇kg以上ドドンと振る。これで夏の間は追肥いらずだ。

しょっちゅう収穫するものゆえ、ウネ間には分厚くワラを敷くか、防草シートを張る。一輪車を押しながら収穫するのなら、防草シートのほうが快適である。

夏の雨前に魚粉の追肥

夏になると枝が伸びすぎて収穫もシンドイし、枝が垂れて実が地面につくので、長く伸びた枝はハサミでバッサバッサと切っていく。このとき樹勢が落ちると回復に時間がかかるので、雨前に魚粉の追肥をしておく。

ちなみに、秋になってナスやピーマンが終わったところにはエンドウが植えられる。ネットからはみ出た枝を刈り払い、株元に苗を植えていく。もちろん元肥はいらない。ナスの残り肥で十分である。ただし、マルチが浮いてエンドウの苗がもぐってしまうことがあるので、両すそは再び土でしっかり押さえておいたほうがいい。あとの管理はエンドウの項（66ページ）を参照のこと。

キュウリ（ウリ科）

とれすぎて困る未熟型果菜類

いい苗、疎植、追肥

未熟型の果菜類は、苗さえできれば無農薬でも栽培は比較的簡単だ。追肥も切らさない程度にやればいいだけだし、疎植では整枝もさほど面倒ではない。

特にキュウリはいい苗ができれば、栽培はいとも簡単。美しいキュウリがとれすぎて困るぐらい。まっすぐできれいなキュウリをとろうと思ったら、肥切れや乾燥・過湿にならないよう注意すればいいだけで、キュウリは必ずまっすぐに育つ。キュウリは本来まっすぐになりたくて仕方がないのだ。

温床で発芽、鉢上げ後も温床で管理

私のところでは四月十五日にタネを播くと決めている。これで五月二十日頃定植にちょうどいい苗となる。

タネは一二八穴ペーパーポットに播き、温床にのせる。この時期は冷床ではまず発芽しない。本葉が出始めた頃に一〇・五cmポリポットに鉢上げする。鉢上げ後も必ず温床で管理する。

発芽後や鉢上げして活着後は温床の温度が下がってもかまわないが、冷え込む夜には必ず保温シートを重ねてかけて苗を寒さに当てないようにする。キュウリやスイカの苗は寒さにはめっぽう弱い。

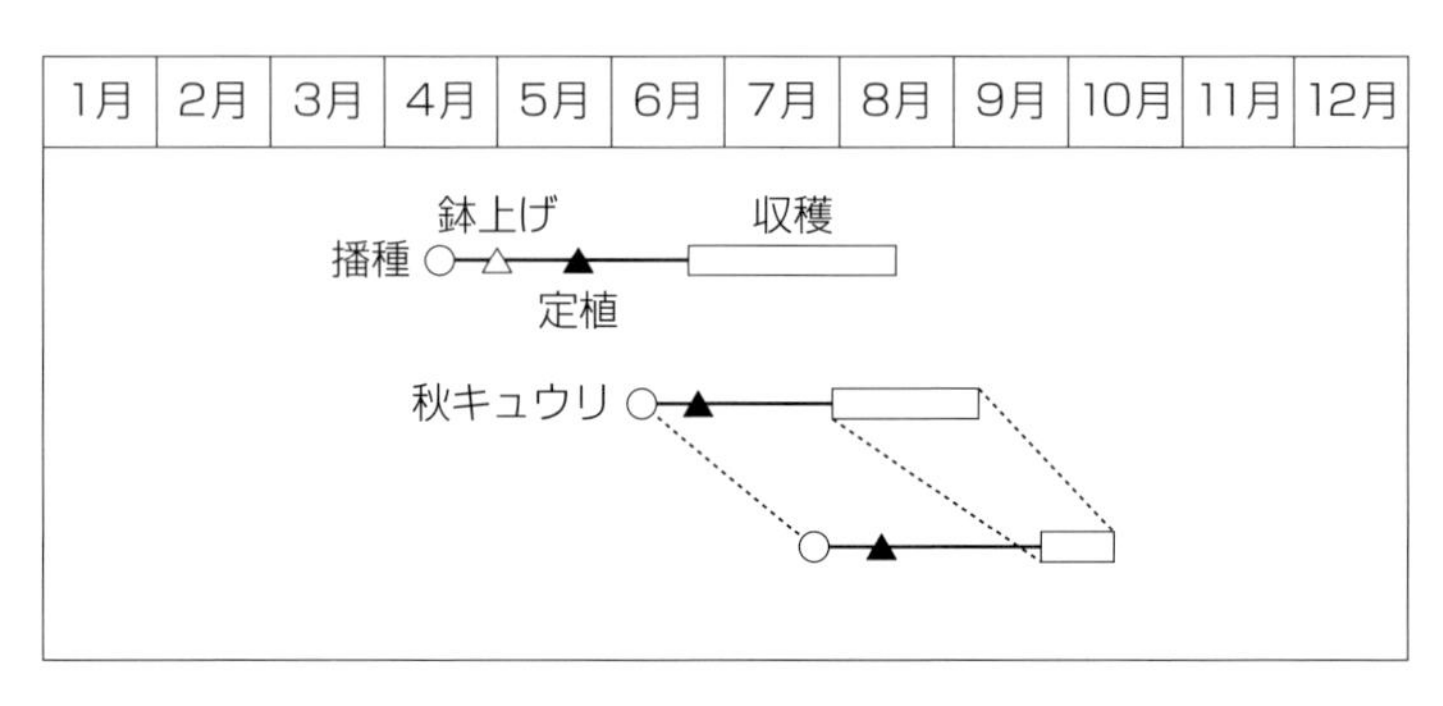

図3−9　キュウリの栽培暦

写真3－9　キュウリは早植えせず、黒マルチを張る

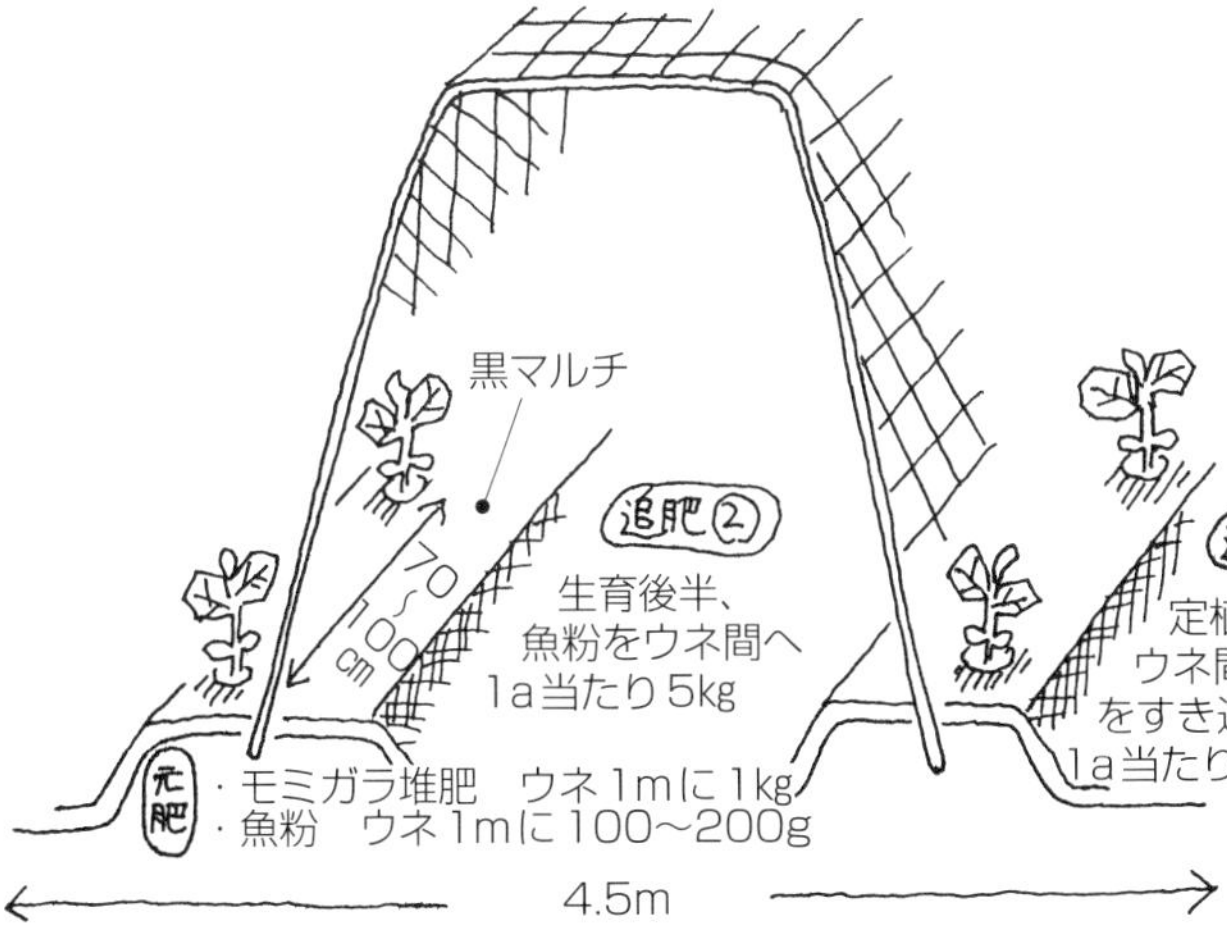

早植えはしない、黒マルチを張る

栽植密度はウネ間約四・五mに二条で、株間は七〇～一〇〇cm（写真3－9、図3－10）。苗が足りなかったらもっと疎植にしてもいいが、初期収量が少なくなる。

春の定植は必ず黒マルチを張る。マルチは地温上昇だけでなく、ウリハムシ対策にもなる（42ページ）。なお定植場所は、なるべくまわりにジャガイモを植えていないところを選ぶ。ジャガイモが枯れた後、テントウムシダマシが一気に押し寄せるからだ。まわりが田んぼなら被害は少ない。また、周囲にジャガイモ畑があっても、ジャガイモがマルチ栽培なら比較的被害は少なくてすむ。マルチはテントウムシダマシ対策にもなる。

黒マルチ
追肥②
生育後半、
魚粉をウネ間へ
1a当たり5kg
70～100cm
追肥①
定植直後に
ウネ間に米ヌカ
をすき込む
1a当たり100kg
元肥
・モミガラ堆肥　ウネ1mに1kg
・魚粉　ウネ1mに100～200g
4.5m

図3－10　キュウリのウネと施肥

元肥はモミガラ堆肥と魚粉。魚粉は多くても少なくてもよい。途中で追肥の米ヌカとバトンタッチするまで効いてくれればいい。

キュウリの根はもっとも地温を必要とするので、あまり早く植えてはいけない。最低気温が一〇度以下にならなくなったらOKだ。春のキュウリはネットにからみにくいので、面倒でも誘引はマメにやる。

肥切れ対策の米ヌカと魚粉

定植直後に米ヌカをウネ間にすき込む。キュウリのあとは秋のサヤインゲンに使えるので、米ヌカは相当やってもムダにならない。ウネ間一〇m当たり一〇～一五kgやったほうがいい。これが収穫最盛期の主要な肥効を担う。

生育後半の追肥には速効性のある魚粉をやる。ウネ間にはモミガラかワラのマルチをやっていたが、イノシシの被害を誘発しやすいので、最近では防草シートを使うことが多くなった。これは大雨のあとでも足元が汚れないのがありがたいし、完全に雑草を抑えられるし、肥切れもしにくくなる。

収穫はもちろん毎日やらなくてはならない。大きな実をつけて放っておくと樹勢が落ちるので、とり残しのないようにする。毎日販売できない場合は、小さな実までとって「ミニキュウリ」として売ると、盛夏期以外は翌日の収穫が必要なくなる。

短期の秋キュウリは魚粉で

晩春に定植したキュウリはお盆頃には終わりとなる。その後はサヤインゲンでも植えてやればネットは秋まで活用できる。肝心のキュウリはといえば、その後も引き続き収穫しようとすると何度か播かなくてはならない。八月の上旬頃から収穫しようと思ったら六月の中旬には播種しなくてはいけないし、九月の上旬から収穫なら七月中旬頃だ。これらは収穫の終わったエンドウ類のネットを利用できる。遅く播種したキュウリは、どういうわけか垂直に近いネットでもほとんど誘引なしで上がっていく。その代わり株張りは悪いので密植する。

遅く播くほど収穫期間は短くなるし、秋風が吹いてくるとロクなものがとれなくなるから、いわきや北関東なら八月上旬の播種が限界だろう。この頃の播種ではあまり多くの収穫は望めないから、新しくネットを張らず、初夏どりのサヤインゲンのあとにでも植えてやったほうが無難だ。

遅い作型では収穫期間が短いので、米ヌカの施肥はやめ、速効性の魚粉中心とする。

高温好きの典型的な熱帯性野菜

播種も定植も地温が上がってから

オクラほど熱帯原産の特性を残している野菜も珍しい。早くからとろうと早植えしても、地温が上がらない限り生育はいっこうに進まず、梅雨寒の日が続こうものなら枯死するものが多発する。だからタネ播きは早くとも五月後半、安全を考えれば五月の下旬以降が望ましい。気温さえ上がればオクラの栽培はいたって簡単。病虫害も問題になるのはアブラムシぐらいだ。

オクラは発芽がそろわない野菜の代表格のように思われているが、大いなる誤解で、これほど発芽のそろう野菜も珍しい。もちろん事前の吸水や保温も不要だ。要はそこそこの気温になってからハウス内で播き、水分状態を安定させるように管理すればほぼ一〇〇％発芽するものだ。

育苗ではアブラムシに注意

育苗で気をつけるのはアブラムシだけだが、このアブラムシがなかなかやっかいである。何を隠そうオクラはすべての野菜の中でもっともアブラムシのつきやすい野菜といっていい。なにせ双葉の段階からつき始める。定植する頃にはほとんどの苗にアブラムシがついていることも珍しくない。花が咲きだす頃には不思議といなくなるし、ウイルス病が入ることもないようだが、生育が著しく遅れるし、ヘタすると枯れてしまうので、被害がひどいときは育苗中に一度アブラムシを手で

1月	2月	3月	4月	5月	6月	7月	8月	9月	10月	11月	12月

定植　収穫
播種

図３－11　オクラの栽培暦

つぶしたほうがいい。

モミガラ堆肥と魚粉の元肥、米ヌカの追肥

高温性の野菜ゆえ、地温を上げる黒マルチは必須。肥料分もそこそこ必要だが、やせ地でもかまわない。元肥としてモミガラ堆肥と魚粉を使い、ウネ間に米ヌカをすき込んで追肥とする。ウネ間一〇m当たり一〇～一五kgが目安だ。

定植は必ず好天が続き気温が高いときに行なう。収穫は毎日となるので、収穫しやすいようにウネ間は一五〇cmはほしい（図3—12）。株間は品種にもよるが三〇～四〇cmぐらい。主枝中心の収穫になるので疎植にしてもメリットはない。ちなみに、側枝につく実のほうがイボ果が少ないようなので摘心栽培をしてみたら見事に失敗した。摘心はしないで側枝は放任でよい。

前項でも書いたようにアブラムシが問題となるので、定植のとき、時間がかかっても、よく葉の裏を見てきれいにつぶしてから植えること。これで完全にいなくなるわけではないが、たいていはほとんど問題なく生育する。

素手で収穫してはならない

オクラは決して素手で収穫してはいけない。オクラの成分のためか、手の甲が地獄のかゆさで七転八倒する。ブヨ一〇〇匹に刺されたほうがよっぽどマシだ。洗ってもかゆみはなくならず、時のたつのを待つしかない。虫刺されなら慣れがあるが、オクラのかゆみは何年たっても慣れないようだ。

長さは一〇cm以内で収穫するから、毎日収穫が必要。大きくなっても固くなりにくいというのがうたい文句のオクラも多々あるが、実際に固くならないといえるほどでもないので、やはり一〇cm内外で収穫するのが重要である。

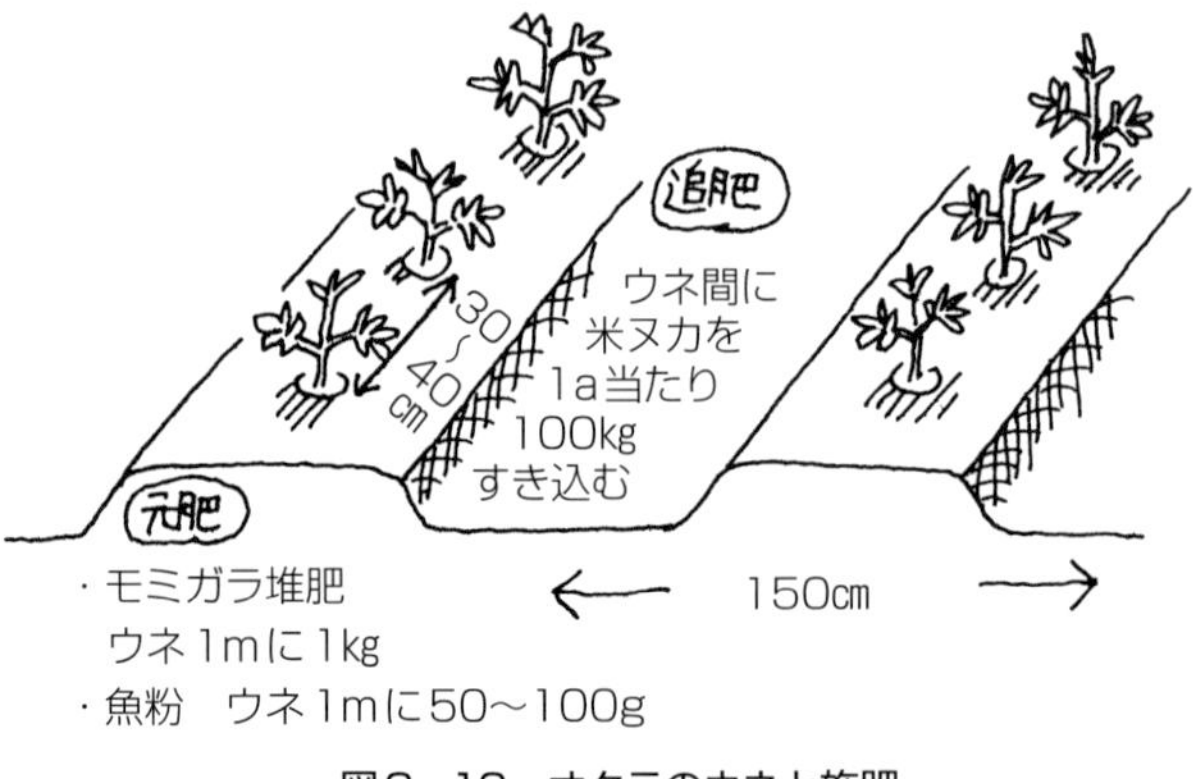

追肥
ウネ間に
米ヌカを
1a当たり
100kg
すき込む
30～40cm
元肥
・モミガラ堆肥
ウネ1mに1kg
・魚粉　ウネ1mに50～100g
150cm

図3－12　オクラのウネと施肥

スイートコーン（イネ科）

ずらし播きで連続収穫

虫害、獣害を覚悟

スイートコーンは直売の人気商品だ。有名なブランド産地よりもうまいトウモロコシをつくるのは決して難しくない。しかも、エダマメと違って、早晩性による登熟期の違いはわずかしかないから、どの品種を播いても同じぐらいの時期にとれ、少しずつ時期をずらして播くだけで、いとも簡単に連続して収穫できる（写真3—10）。

ただ、問題は虫害である。夏野菜でもっとも害虫に悩まされるのがスイートコーンで、その主犯格がアワノメイガの幼虫である。茎を食い荒らすのも困るが、肝心の雌穂を食いまくる。多くは絹糸から侵入するが、横から入るものもいて、これがやっかいである。先端部だけならハサミで汚いところだけ切って売れるが、横から入ったものはそれができないし、横から入るとなぜか広範囲にわたって乳酸発酵やカビの発生を起こし、自家用にさえならないことがある。

写真3−10　時期をずらして播いたスイートコーン

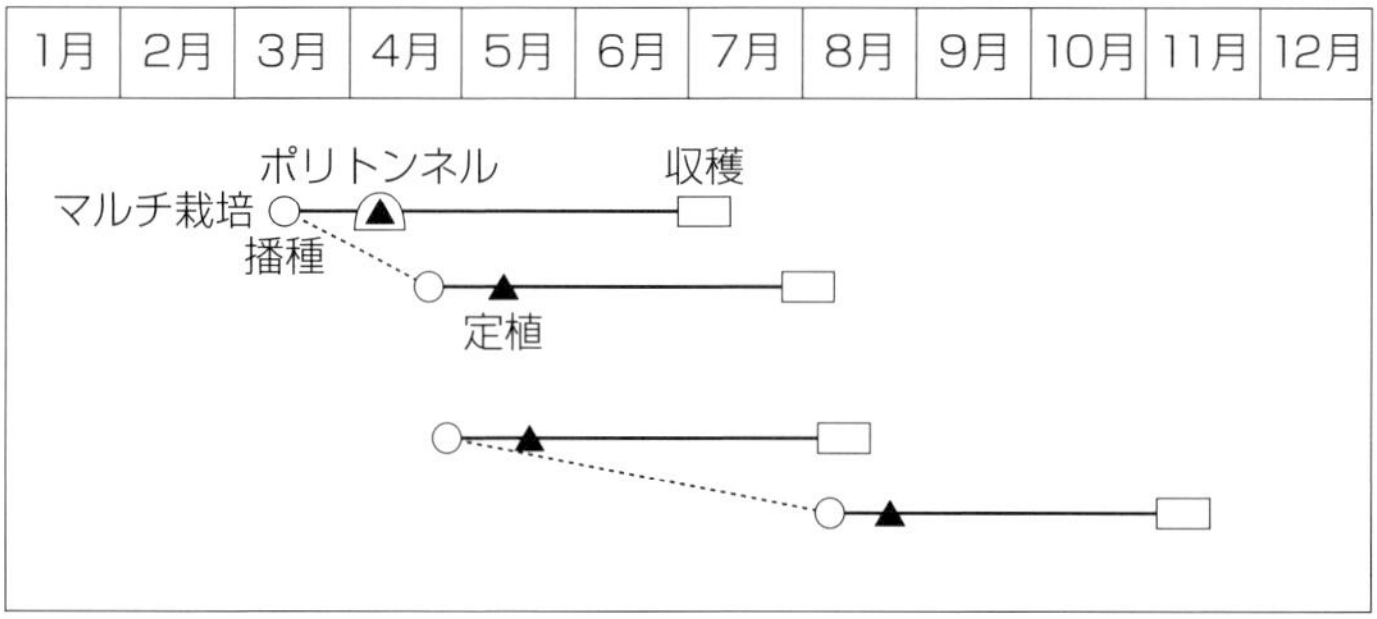

1月　2月　3月　4月　5月　6月　7月　8月　9月　10月　11月　12月

ポリトンネル　収穫
マルチ栽培
播種
定植

図3−13　スイートコーンの栽培暦

これまでさまざまな対策法が報告されているが、なかなか決定打がない。昔からの定石では、受粉したら雄穂を切り取るというもの。アワノメイガは上位葉の裏に卵を産みつけ、孵化すると雄穂に移っていくらしい。ただ、実際にやってみると雄穂が出る前にすでに茎に侵入しているものがいるし、雄穂が出てきてすぐほとんどの雄穂を切り取っても、やはり虫害はなくならない。被害を減らすことはできてもなくすことは相当難しいようだ。

フェロモントラップ（合成化学物質によるオスの誘引）も実用段階にあるようだから、早く市販されることを望む。ちなみに、新しく開墾したところでは一年目に限って虫がつかないことがあるが、二年目からはやっぱりダメだ。

播種は絶対にプラグトレイ

トウモロコシは弱い霜なら枯れないから、露地栽培でも別れ霜の一〇日前には定植できるし、トンネル栽培ならもっと早くできる。

播種は定植時期との相談で決めなくてはならないが、私のところでは彼岸頃が最初の播種である。その後、定植したら次の播種というかたちで延々と播種を行なう。八月上旬頃まで播くことができる。晩生品種のあとに極早生品種を播くということがなければ、同時にとれるということはまずない。

スイートコーンだけは絶対にプラグトレイがいい。発芽率だけ見れば、直播き、ペーパーポット、プラグトレイの順によく発芽する。ただ、直播きではどうしても欠株や生育の不ぞろいが見られる。また、ペーパーポットでは種子根が育苗箱内であさっての方向に伸びて、苗取りがシンドイ。その点、プラグトレイは苗取りも植え付けもラクで、生育ぞろいもいちばんいい。ただ、発芽率が低いのが難点。だが、胚が下になるようにタネ播きをすれば、ある程度発芽率をあげることができる。

各社からスーパースイート系のスイートコーンは多数出ていて、どれもたいした優劣の差はない。今、気に入っているのは、サカタの「ゴールドラッシュ」とナント種苗の「おおもの」であるが、他の品種もふつうに使っている。

魚粉で二回の追肥

五月までの定植では黒マルチが必須だ。後片づけのことを考えると、価格は高いがそのまますき込める生分解性マルチが絶対にいい。早出し用にはポリトンネルが圧倒的に有利で、スイートコーンは他の野菜ほど繊細ではないので、換気や温度管理が大ざっぱでもいいのがありがたい。もちろん不織布のトンネルでもいいが、イタズラ犬猫がいるところでは穴をあけられる心配がある。

　早出し栽培では元肥中心とし、モミガラ堆肥と魚粉。魚粉は一a当たり二〇kgほど。株間は三〇cmが基本。マルチ栽培は九五cm幅のポリマルチで、ウネ間一二〇～一四〇cmの二条植え（図3―14）。六月以降はべたウネで七〇cm条間三〇cm株間とし、元肥は植え溝に魚粉のみでたくさん。魚粉の上に直接苗を植えても障害は出ない。

　トンネル栽培ではフィルムを押し上げる頃にはトンネルをはずす。マルチの両すそも剥がしてウネ間に魚粉の追肥をし、管理機で中耕する。普通栽培では丈が二〇cmぐらいで一回目の追肥（魚粉）と土寄せをし、四〇～六〇cmのとき二度目の追肥と土寄せをする。

図3−14　スイートコーンのマルチ栽培

収穫期前にはネットか電気柵を

　収穫期が近くなったらいろいろな動物がねらいにくる。カラス、キツネ、タヌキ、ハクビシン、イノシシ、サル、場所によってはクマやアライグマも出るかもしれない。テンも甘いものが好きだから食害に来る可能性がある。

　このため、収穫期前には必ずネットか電気柵で囲う必要がある。ネットは一m以上。サルやハクビシンではそれでも簡単に突破する可能性が大だ。電気柵も三段張りでなくては安心できない。カラスに関しては上空に黒色テグスを張ればいいが、トウモロコシの背が高いので、大変な作業だから、なるべくカラス害の出ないところにつくる。

　スイートコーンはあらゆる野菜の中でも糖度ではトップに君臨する。甘いものに関しては、雑食性の哺乳類・鳥類のほとんどが好むから、食害を受けないようにするのも大変だ。害虫・害獣の被害にどう対処するかがスイートコーン栽培の要だろう。

グリーンピース（マメ科）

本当のうまさを伝えたい

適期収穫で目からウロコのうまさ

　エンドウといえば、ふつうはキヌサヤかスナップエンドウを思い浮かべるが、直売するのにおもしろいのはグリーンピース（実エンドウ）である（図3―15）。じぷしい農園の春のイチオシ野菜でもある。

　私の住む地域でも自家用にグリーンピースをつくっている農家はほとんどいない。豆ご飯をつくるにも、たいていは実の入りすぎたキヌサヤの豆でつくっているが、これでは、本来のグリーンピースの豆ご飯には遠く及ばない。

　グリーンピースはエダマメ同様、未熟豆だからこそ甘味と香りがあるわけ

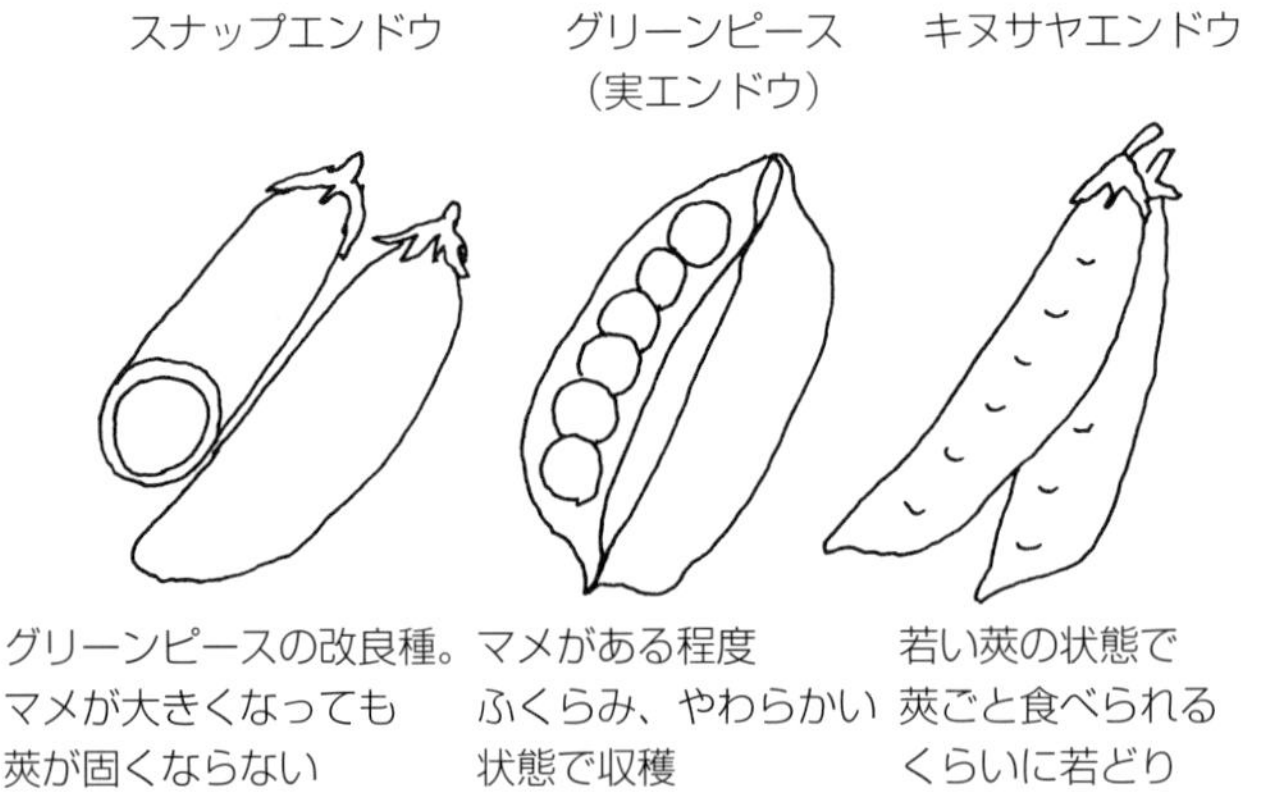

スナップエンドウ	グリーンピース（実エンドウ）	キヌサヤエンドウ
グリーンピースの改良種。マメが大きくなっても莢が固くならない	マメがある程度ふくらみ、やわらかい状態で収穫	若い莢の状態で莢ごと食べられるくらいに若どり

図3―15　エンドウのいろいろ

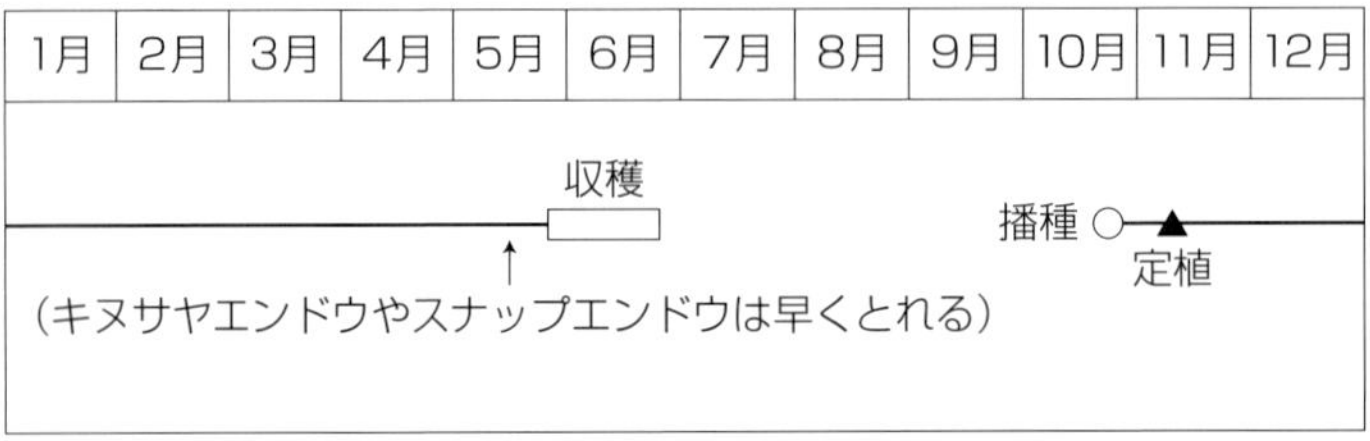

1月	2月	3月	4月	5月	6月	7月	8月	9月	10月	11月	12月

収穫（5月下旬〜6月）、播種○（10月末）、定植▲（11月）

↑（キヌサヤエンドウやスナップエンドウは早くとれる）

図3－16　グリーンピース（実エンドウ）の栽培暦

で、グリーンピース用の品種でさえ、実が入りすぎると味もそっけもなくなる。逆に、適期に収穫すれば目からウロコ間違いなしのおいしさである。

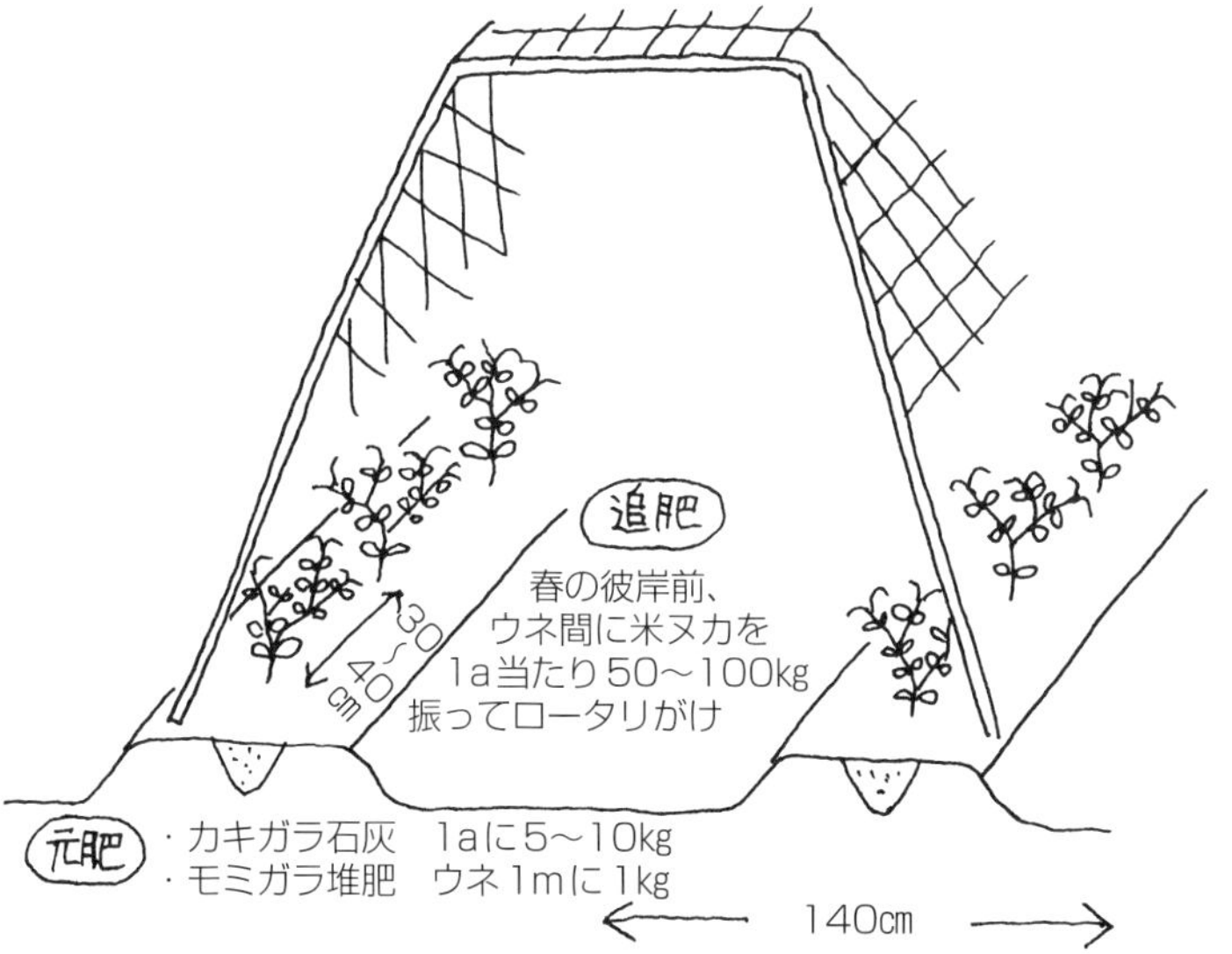

最近の子どもたちは豆ご飯が嫌いな子が多いと聞く。おそらく、本当の豆ご飯を食べていないか、もしくは、輸入物のグリーンピースの味しか知らないのだろう。ミックスベジタブルに入っている、あの何の味もない緑色の物体をグリーンピースだと思い込めば、豆ご飯が嫌いになるのも致し方ない。

適期に収穫したグリーンピースのおいしさを知っている私のお得意様は、まだつるも伸びない三月から、「今年のできはどう?」と聞いてくるぐらいで、一kg以上も買って冷凍するお客さんも少なくない。

図3−17　グリーンピース(実エンドウ)のウネと施肥

無肥料でペーパーポット育苗

播種は十月末から十一月初め。根が張る前に寒くなると霜柱で苗が浮いてしまうので、初霜の前に活着するように播く。直播きでもつくれるが、タネが高価なので、私は七二穴のペーパーポットに三粒播きで育苗している。培土はコヤシっ気のない川砂+くん炭を使う。コヤシっ気があると発芽が極端に悪い。

品種は「久留米豊」(タキイ種苗)を使っている。味がよく、莢・粒とも大きく、収量もそこそこ。ただし、グリーンピースの性格上、収穫期は長くない。厳冬期播種早春定植とすれば、収穫もやや遅れるが、収量性がかなり落ちるから、収穫期を延ばすには熟期の違ういい品種を探すしかないようだ。

春の彼岸前に米ヌカを追肥

元肥はカキガラ石灰と溝施用のモミガラ堆肥のみ。冬に向かう時期で、コヤシはほとんど吸えないから、あまり元肥をやる必要はない。モミガラ堆肥は一〇m当たり五kgで十分。

ウネ間は誘引のことを考えて決め(私の場合、ウネ間は一四〇cm)、株間は三〇～四〇cmとする(図3—17)。ピーマンやナスの収穫終了後に邪魔な枝を切り払い、根元に植えると、ナスやピーマンの枝や誘引していたネットなどをそのまま使えて便利である。

追肥は春の彼岸前に米ヌカを一〇m当たり一五kg前後、ウネ間に振ってロータリをかけておく(写真3—11)。これですべての施肥は終了。

つるが伸びだす前に、パイプを立ててキュウリ(あるいはインゲン)ネットを張る。各条に垂直に立てるやり方もあるが、面倒なので私はふつうのインゲン用パイプを使用して二条にしている(写真3—12)。

つるが伸びだしてきたら、誘引を行なう。エンドウは他のつる性のマメと

写真3−11 追肥に米ヌカをウネ間に振ってロータリをかければ施肥は完了

写真3−12 エンドウのつるが伸びだす前にパイプを立ててネットを張る

写真3−13 季節風でネットからはずれないように、ネットの両側からジュートヒモで挟み込む

グリーンピース

違って巻きひげでからまるから、自己を支える力が弱く、誘引してやらないと季節風でネットからはずれる。私はバインダー用のジュートヒモでネットの両側から挟むようにパイプに縛りつけている（写真3―13）。この作業は、丈が短いうちから収穫期まで四回ぐらいは行なわないと、途中から茎（つる）が折れる。

以上の栽培方法は、キヌサヤやスナップエンドウの場合もほぼ同様である。

収穫適期は指で押して判断

収穫は五月末から六月。難しいのはその適期の見極めである。「ウスイ」（タキイ種苗など）という品種は莢にしわが出てきた頃が適期らしいが、「久留米豊」や「南海緑」（同社）という比較的新しい品種は、そこまで置くと収穫遅れとなる。莢のふくらみ具合やヘタの色などもアテにならないようで、結局は指でつぶしてみて莢の中の豆が大きくなっていることが確認できたら適期というのが結論だ。

一莢一莢つぶしてみるので、指が疲れる。コンテナ一～二杯もやると指が動かなくなるので、あまり大量に作付けしないほうが無難だ。

鮮度が落ちにくい莢付き販売

国産のグリーンピースでも店頭で売られているものは、ごていねいに莢から豆をはずして売られている。これでは鮮度の低下が甚だしい。莢からはずして売られているエダマメがあるだろうか？　グリーンピースも調理直前に莢からはずしたほうが味はいいに決まっている。味が最高の状態で売らなくては、グリーンピースはいつまでたってもメジャーになれないだろう。農家、特に直売農家は莢のまま売ろう。グリーンピースの本当のうまさを伝えて、グリーンピースの復権を図らなくてはいけない。

販売する際は、おいしい豆ご飯のつくり方も消費者に伝えてほしい。マメを米と一緒に炊くのは、成分が抜けなくてよさそうだが、あまりおすすめできない。マメの色がくすんで見た目が悪いし、大事な香りも飛んでしまう。

マメはご飯が炊き上がってからゆで始め、浮き上がってプシューと破裂音がしたらざるに上げて、塩をまぶす。これを炊きたてのご飯に混ぜれば色鮮やかな豆ご飯が完成。「グリーン」ピースご飯なのだから、緑が際立っていないとうまそうに見えない。

売り切れないほどとれたら、大量に使って豆ご飯ならぬ「ご飯豆」にしよう。百姓にしかできない贅沢である。

サヤインゲン（マメ科）

涼しい時期がねらいどき

暑さにはきわめて弱い

サヤインゲンは夏野菜と思われているが、じつは暑さにはきわめて弱い。だから真夏の産地は高原や北海道となっている。うだるような暑さの平暖地の夏には病虫害も多く、受粉が悪い凸凹の莢しかとれないので、初夏か晩秋の収穫がねらいめである。

初夏どりなら、つるありタイプ

春播き初夏どりとは、三月に播いて六月にとる作型。

つるなしタイプではズッキーニと同じくトンネル栽培で五月もねらえ、端境期にありがたいのだが、保温の手間、つるなしインゲンの品質の悪さ、収穫時の腰の痛さを考えると、あまりおすすめできない。それほどムリせず、彼岸播き・四月中旬定植のつるありタイプで梅雨時期からの収穫が無難だ。

品種は「モロッコ」（タキイ種苗）や「プロップキング」（サカタのタネ）（ともにつるあり種）がおすすめ。

マメ類は発芽にコヤシっ気のある土を嫌うのだが、サヤインゲンは少しはコヤシがあってもいい。私は「川砂＋モミガラくん炭」に一般の床土（21ページ図2―2）を三割ほど混ぜて使っている。七・五cmのポリポットに一〜二粒播きとする。

彼岸の播種ではまだ寒いので温床の上にのせたくなるが、どういうわけか温床にのせると発芽がイマイチなので、せいぜいハウス内トンネルぐらい

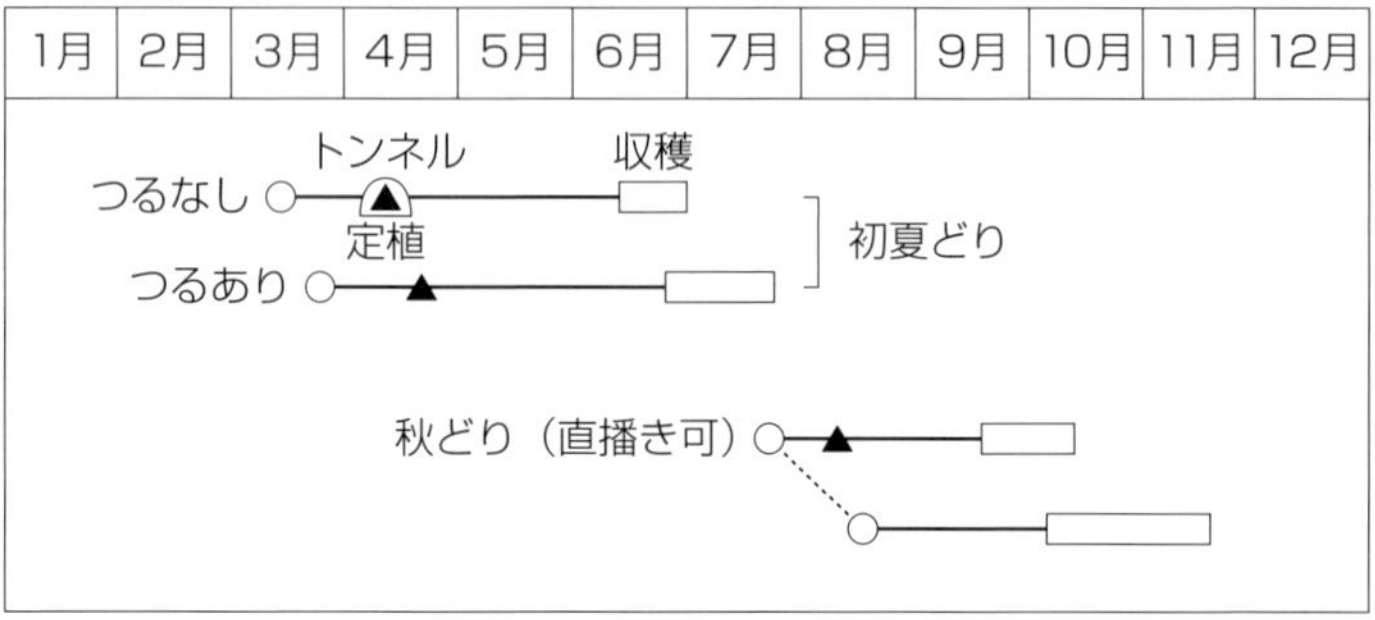

図3－18　サヤインゲンの栽培暦

にしておく。

初生葉が開いたら定植できるが（図3―19）、遅霜の心配があるときは少し定植を遅らせたほうがいい。ウネ間二mの二条植えで、株間は三〇～四〇cm（図3―20）。元肥はモミガラ堆肥だけで十分。マルチは不要だ。植えたらすぐにウネ間に米ヌカを振ってロータリをかけておく。量は畑の肥え具合にもよるが、一a当たり五〇～一〇〇kgとする。

つるが伸びる前にパイプを立てる。

初生葉

※遅霜の心配があるときは遅らせる

図3－19　初生葉が開いたら定植できる

キュウリパイプにネットを張り、ネットにからみ始めたらつる先を摘心する。あとは収穫まで除草以外やることなし。

何度も収穫に入るので、ウネ間は敷きワラか防草シートを敷いたほうがいい。初夏の収穫が終わったら、株元を切断して遅く播いたキュウリ苗を植えてやれば秋のキュウリがそのままとれる。もっとも、追肥をしないとあまり収量はあがらないが……。

秋どりは手間いらず

サヤインゲンでいちばんおすすめなのが夏播き中秋～晩秋どりの作型である。この作型ではキュウリや立体栽培カボチャのネットをそのまま利用でき、栽培の手間としては、育苗・定植と摘心だけでいける。雨の多い

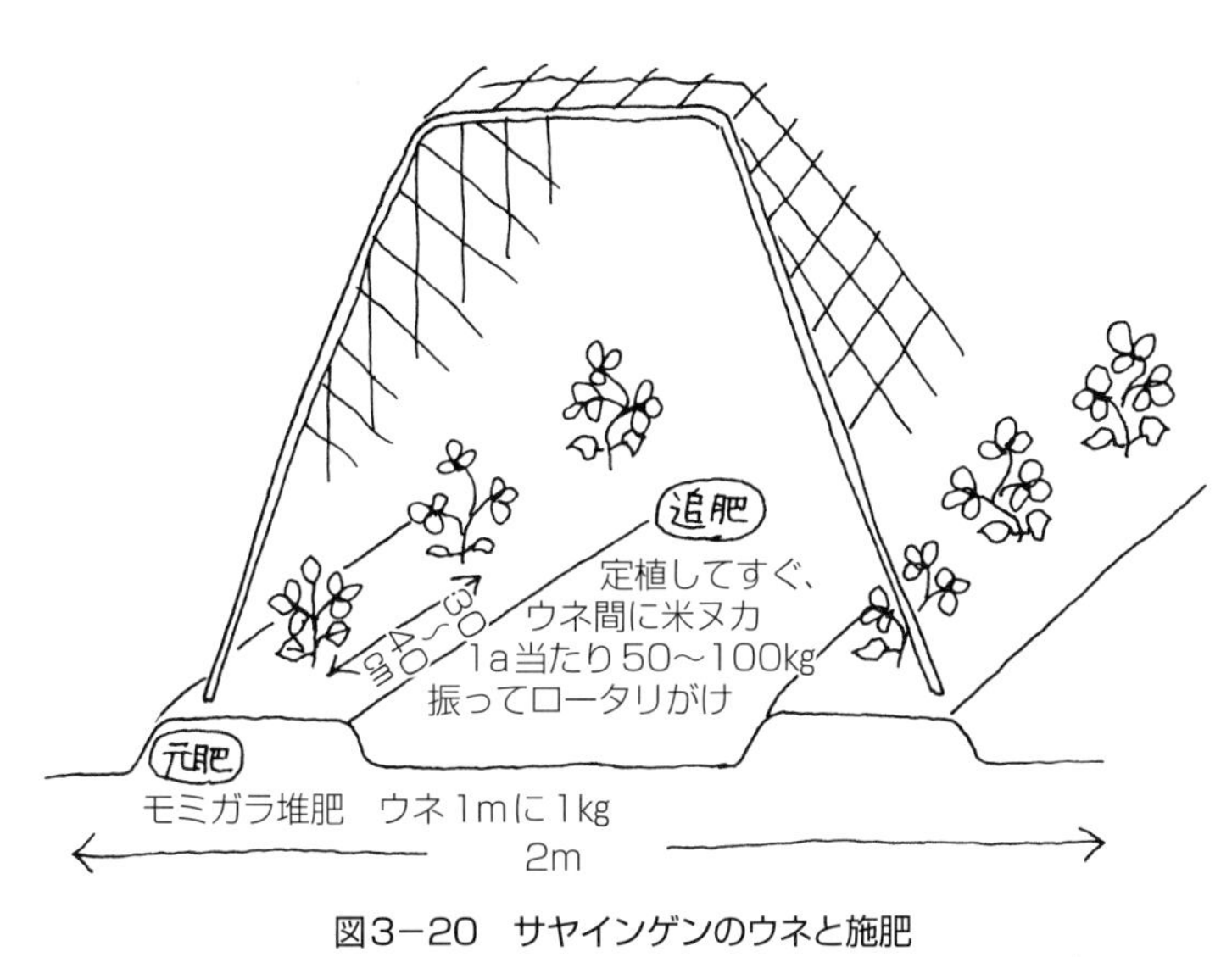

図3－20　サヤインゲンのウネと施肥

年は直播きも可能だから、さらに手間が省け、あらゆる野菜でもっとも栽培の手間がかからない。コヤシもほとんどいらない。

唯一問題なのは、台風や季節風などの風である。九月の台風ならまだ立ち直る場合が多いが、十月の台風では致命的な場合がある。風に対しては有効な対策はないが、危険分散のため、分けて播種すれば、すべてオシャカになる可能性は低い。ほとんど播くだけで手間いらずだから、このぐらいの手はかけていいだろう。

この作型は、秋の彼岸明けから初霜までの低温期が収穫最盛期となるので、品質は抜群、病虫害もほとんどなし。おまけに肥大が遅いので、とり遅れて大きくなりすぎる心配も少ない。風で擦れることだけが品質低下の要因だが、よほどの風が吹かなければ大丈夫だ。

三回ぐらいに分けて播く

暑い時期はだいたい播種から収穫までが五〇日となる。品質がいいのがとれるのは秋の彼岸明けから初霜までと考えられるから、逆算して七月の末か八月の初めからタネ播きができる。この時期からお盆明けぐらいまでが播種適期となるから、三回ぐらいに分けて播くといい。

品種は春播きと同じ。雨が多い年は直播きでもいいが、乾燥年は育苗したほうが確実。直播きでも補植用に少しポット苗をつくっておくといい。

定植は、ほとんど枯れたキュウリやカボチャの株元に植える。枯れてしばらくたっている場合や大雨の直後以外はマルチの下はカラカラなので、大量のかん水をしてから植えるか、植えてからたっぷり水をかける。直播きの場合も同様である。

初夏どり同様、ネットにからみついたら摘心を行なう。無事ネットにからみついたら収穫までやることはない。追肥もたいていは不要。収穫は高温期ほど急がなくてもいいのがありがたいが、でかい莢を成りっぱなしにしておいたらつるが弱って良品がとれなくなる。売り物にならないものも含めて時間が許せば切り落とす。あとはきれいなサヤインゲンを収穫して売るだけである。

エダマメ（マメ科）

本当においしいのは晩生

エダマメの本来の旬は秋

エダマメは直売でも人気のある野菜だ。確かにとりたてのエダマメは市販のものとは一味違う味わいだし、栄養的にも超ヘルシーな食品である。ヒトが必要な栄養素のほとんどを単品で網羅している食べ物はエダマメ以外ないのではないだろうか。調理も超シンプルで、洗って塩味でゆでるだけ。こんな簡単な野菜は他にない。

品種も極早生から晩生まで幅広く分化し、うまくつくれば露地でもかなり長い期間収穫できる（はずだ）。ただ、スイートコーンなどでは、播く時期をずらしていけば簡単に連続収穫ができるのに対し、エダマメはそう簡単にはいかない。これはエダマメ、つまりダイズという植物が、日長が短くなるのに反応して花芽分化する短日植物であるからだ。

一般にエダマメは夏が旬だと思われている。「ビールの友」というイメージが強く、おそらく出荷量も夏がダントツだろう。このような夏にとれるダイズの品種群を「夏ダイズ」というが、これは早生に改良したもので、ダイズのもともとの生態は、日が短くなるのを感じて花を咲かせ、秋に実の入る「秋ダイズ」である。中秋の名月を別名「豆名月」というぐらいだ。

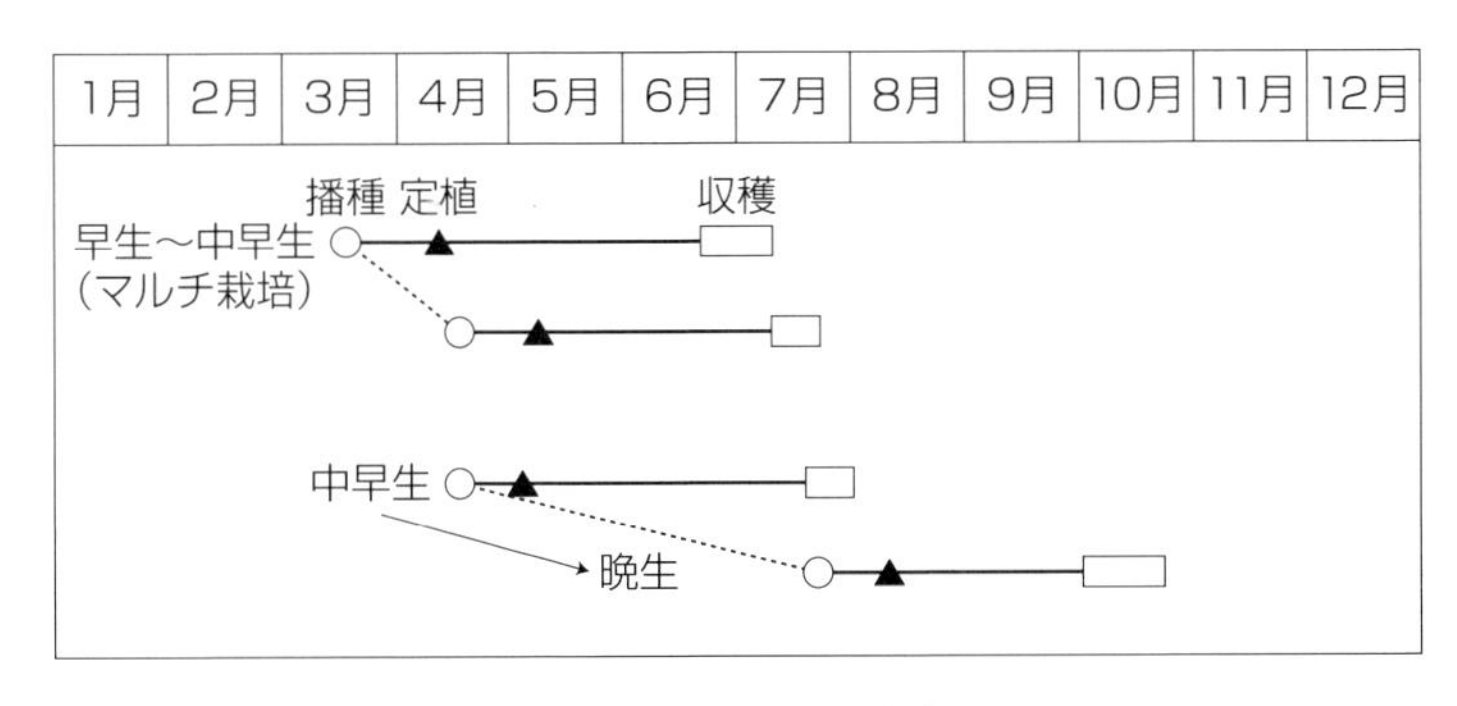

図3－21　エダマメの栽培暦

夏ダイズと秋ダイズ

現在売られているエダマメ品種のほとんどは夏ダイズで、完熟豆として収穫するダイズのほとんどは秋ダイズである。この二つの品種群は性質に大差があるが、その中間型も存在する（エダマメの品種では少ないが）。性質の主な違いは大ざっぱに表のとおり（表3—1）。

表3－1　夏ダイズと秋ダイズの性質

	夏ダイズ	秋ダイズ
早晩生	早生	晩生
株張り	小	大
チッソ要求	中	少
食味	普通	良
粒の大きさ	小	大

夏ダイズ型の早生品種と秋ダイズ型の晩生品種を組み合わせれば、長期にわたってエダマメの収穫ができるはずだが、これが一筋縄ではいかない。タネ袋の裏に書いてあるとおりにならないのだ。

まずお盆前に収穫する早生系統。かなり播く時期をずらしても、収穫期が大きくずれてくれない。ずれてとれるはずなのが、一気にとれて収穫や販売が間に合わないことも少なくない。私の場合、ほとんどが宅配だから、とれすぎても売れないから困る。

いっぽうの晩生種は、タネ袋では播種後一〇〇～一三〇日で収穫となっているが、実際にはこんなにかからない。たとえば一二〇日タイプの青ばた系品種を七月の初めに播くと収穫は十月の上旬頃となり、九〇日前後しかかからない。秋ダイズはいつ播いても収穫期の変動が少ないので、六月上旬に播くとタネ袋にある一二〇日に近づくが、この時期に播くと無肥料でもつるばかり伸びて、よほどの疎植か摘心でもしない限り着莢が悪い。

お盆明けにとれるエダマメ品種は夏ダイズと秋ダイズの中間型だが、意外と品種が少ない。野菜の品薄時期なので、ぜひ挑戦してみたい作型だが、梅雨明けの高温乾燥期の開花になるので、登熟障害を起こしやすい。

以下、早生、中生、晩生と、それぞれの栽培法が違うので詳述しよう。

早生はコヤシを効かせる

早生種は梅雨後半から梅雨明け頃と高温期の収穫となるため、収穫期間は短い。このため、直売では大量に作付けするのは危険である。できれば少しずつ連続して収穫したいので、収穫期の違う品種を多数使ったり、時期をず

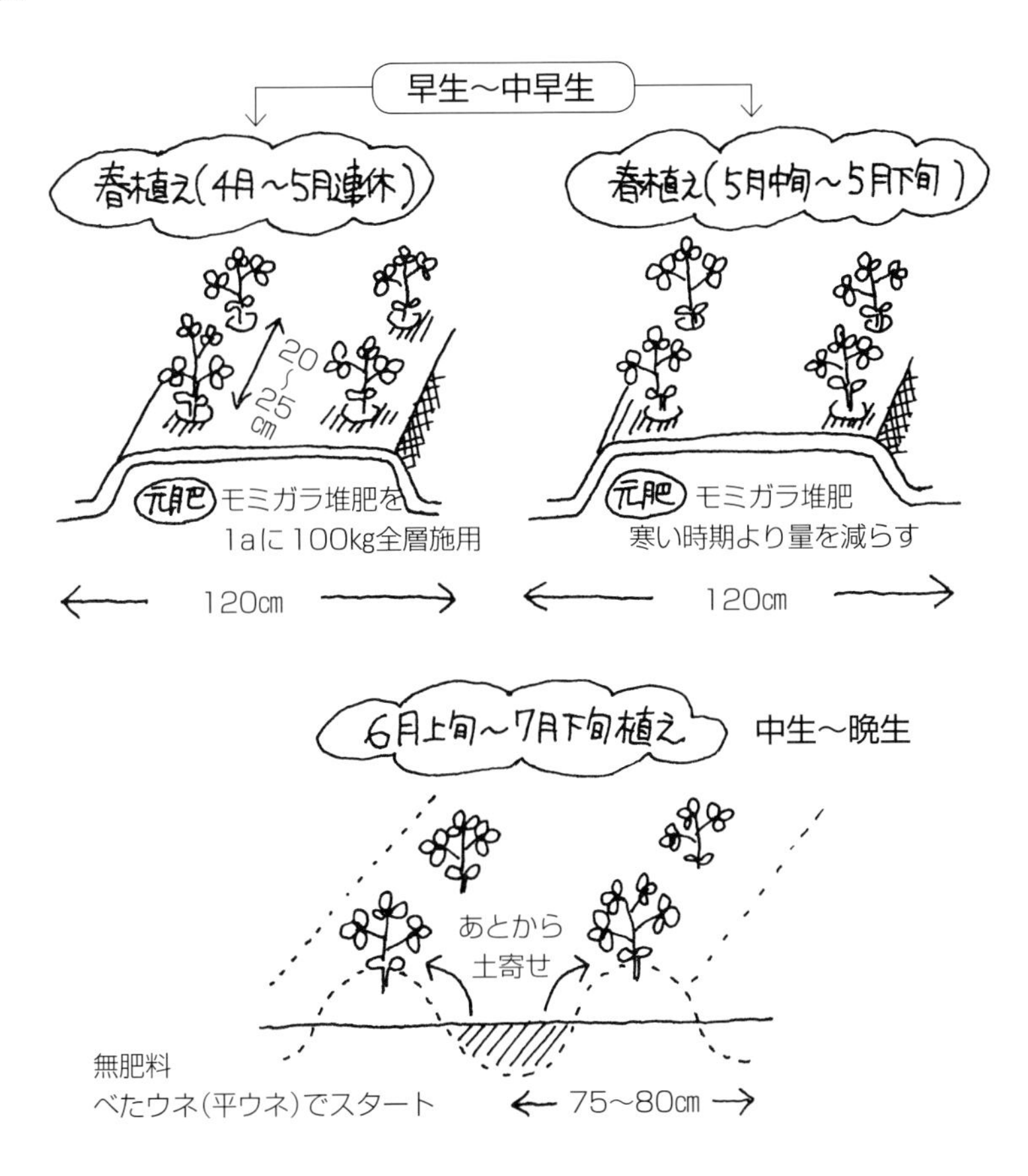

図3−22　エダマメのウネと施肥

らして播いたりして収穫期を移動する。

五月後半以降の定植なら、マルチ栽培と無マルチ栽培で収穫期をずらすこともできる。ほんの数日しかずれないが、その数日が重要だ。これらの方法を組み合わせて六月末から八月上旬まで何とか続けて販売することができる。

エダマメはダイズだからコヤシは食わなそうだが、早生はコヤシがないとさっぱり株が張らない。とはいえ、他の野菜に比べるとやはり少肥で十分なので、元肥にモミガラ堆肥を使うだけでいい。早い作型ほどチッソを効かせなくてはならない。

早い作型では黒マルチも必須である。四月定植で無マルチではちんちくりんのエダマメにしかならない。遅霜の心配のある時期は不織布のトンネルをかけるのもよい。

中生の早播きは失敗のもと

中生とはいえ、どちらかというと秋ダイズの性質を強く持つ。このため、早播きをすると過繁茂になって失敗する。地域や品種によっても違うが、早くても六月上旬の播種となる。

高温乾燥に弱いので、水のかけやすい畑につくる。肥えた畑ではコヤシは不要。やせた土地では元肥にモミガラ堆肥でもやっておく。中生以降の品種は無マルチ栽培が基本だ。

直播きでもいいが、エダマメ品種はタネが高いし、鳥害が心配なので、やはり育苗したほうがいい。ウネ間、株間は早播きほど広く、遅播きほど狭くする。開花から結実期は乾燥に厳重注意。

晩生は無肥料が基本

晩生はよほどのやせ畑でも無肥料で大丈夫。コヤシっ気のまったくない減反田でもやや早播きすればいいだけだ。田んぼの場合、石灰を施用したことがないはずだからカキガラ石灰ぐらいはやっておこう。

この作型は播く時期と栽植密度さえ適当なら、敵は高温乾燥のみだ。干ばつ年は不稔障害が出やすい。注意しても不稔になるときがある。ダメならさっさと緑肥としてすき込んで秋野菜の作付けをしよう。緑肥の栽培だと思えば、あきらめがつく。

タネは毎年新しいものを使う

タネ播きはコヤシっ気のない砂に播く。肥料分のある土だと極端に発芽が悪くなる。

エダマメのタネは古ダネでは絶対に発芽しないので、毎年新しいタネを買うこと。自分でも簡単に採種できるが、登熟期が高温期のため、少しでも油断すると、かびて発芽が悪くなる。

初生葉が展開する直前（「クチバシ」といわれる状態）から鳥に食われなくなるから、その時期を目安に定植する。降霜の心配のないときは、植えたら収穫までほとんど管理はいらない。せいぜい雑草対策ぐらいである。

マルチ栽培では、ジャガイモやサツマイモ同様、ウネ幅よりも広いマルチを張っておいて、エダマメの株が張ったら全面マルチにすれば雑草対策が簡単で完璧だ。

第4章

葉菜類のつくり方

菜っ葉類

有機栽培では育苗して定植すべし

虫害と肥切れをどうするか

コマツナなどの菜っ葉は家庭菜園では初心者向けの定番野菜である。それゆえ、栽培はいとも簡単な野菜のように思われるが、こいつらを販売目的で有機栽培しようと思うと意外と難しい。

無農薬とはいえ、虫食いだらけや虫糞だらけの野菜を売るわけにもいかない。洗うと傷がつくし傷みやすくもなる。なるべく余計な手間もかけたくない。涼しい時期になれば虫害は減るが、生育期間が長くなって肥切れする可能性が大きくなる。アブラナ科の野菜は肥切れすると葉が固くなるし耐寒性も下がり、病気も入りやすくなって歩留まりも極端に落ちる。ある程度のコヤシが継続して効いてもらわなくては困るのだが、有機栽培では追肥が困難だ。

育苗して定植すべし

菜っ葉はふつう直播きだが、第1章にも書いたように、私はコマツナやホウレンソウまでペーパーポットに播いて、穴

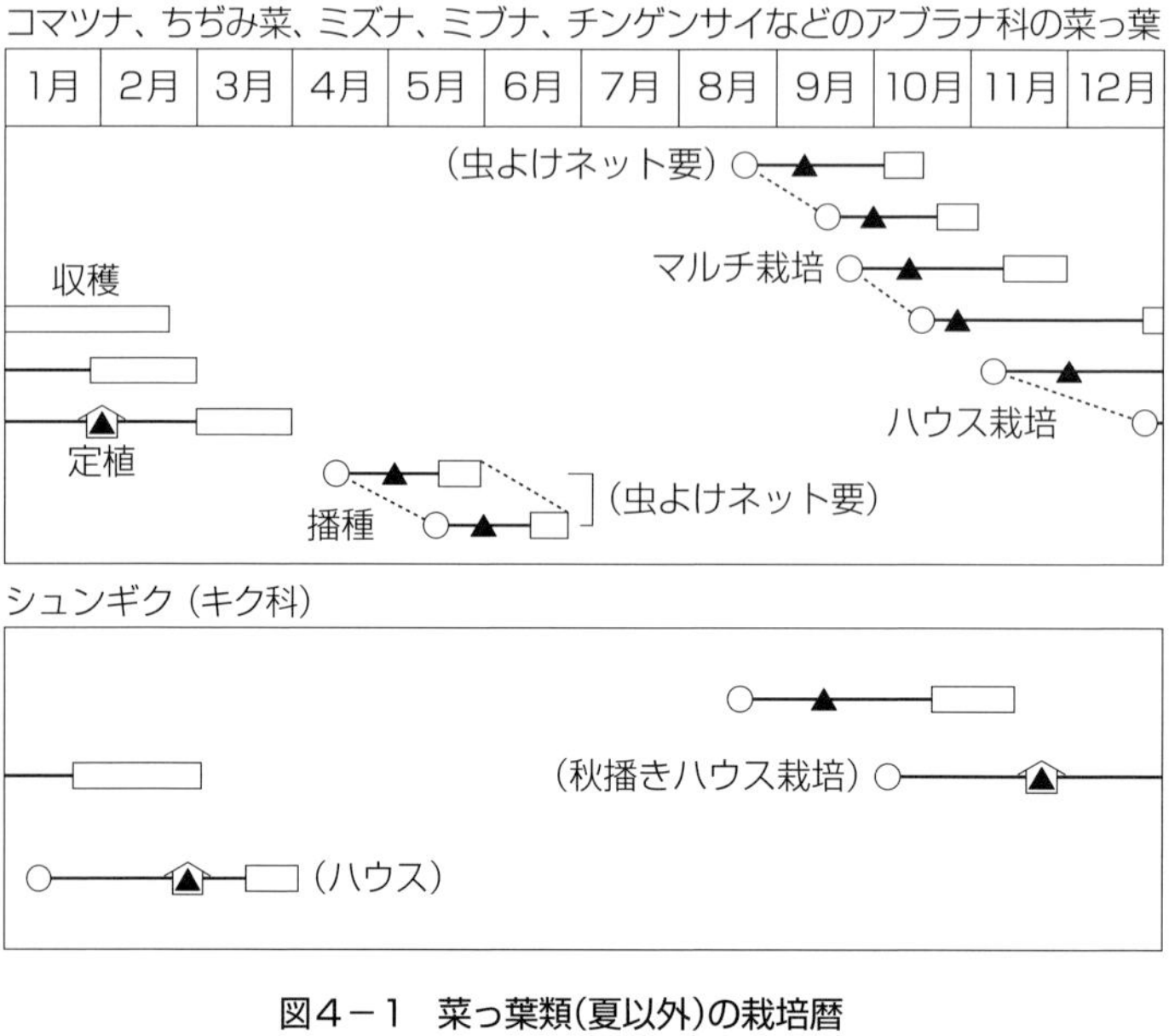

コマツナ、ちぢみ菜、ミズナ、ミブナ、チンゲンサイなどのアブラナ科の菜っ葉

1月	2月	3月	4月	5月	6月	7月	8月	9月	10月	11月	12月

(虫よけネット要)
マルチ栽培
収穫
ハウス栽培
定植
播種
(虫よけネット要)

シュンギク(キク科)

(秋播きハウス栽培)
(ハウス)

図4−1　菜っ葉類(夏以外)の栽培暦

あきマルチに定植する。直播きよりはるかに手間も経費もかかるが、それでもお釣りがくるくらいのメリットがある。

まず、苗のうちは虫よけ網の中で管理できるので、虫食いの心配がない（写真4―1）。小さい頃の虫害は致命的なので、これは大きい。ハウスの中でタネ播きすれば悪天候でも関係なく予定の期日に播種できる。さらに穴あきマルチに定植するので、雑草害は避けられるし、肥えもちもいい。地温も上がるので、生育が進む。一株一株が肉厚で大きな株にそろうので、収量が多く、調製の手間も大幅に省ける。

写真4－1　虫よけネットのトンネル内で育苗すれば虫害が大幅に減る

逆にデメリットとしては、ペーパーポットや床土の用意などに経費がかかり、定植の時間がかかることだろう。

苗の管理は虫よけネットの中で

私は二二〇穴のペーパーポット（「ミニポット二二〇」）を使っている。ペーパーポットを使うのは苗取りがラクなので植え付けが速いことが第一の理由だ。ポットが独立していないぶん、苗のときに乾燥しにくいこともありがたい。もちろんプラグトレイの育苗でもいいのだが、苗を取り出すのに手間がかかる。だが何度も使えて安上がりなので、プラグトレイの達人はプラグトレイを使うべき。土の量も少なくてすむ。

苗の管理は必ず虫よけネット（サンサンネット）のトンネルの中で行なう。定植数日前まではハウス内で管理すれば、肥切れや過湿の心配がない。秋は十月以降になれば虫よけネットも不要になる。定植数日前からは外気に慣らしてスムーズに活着させる。

米ヌカと魚粉で肥切れなし

コヤシは速効性の魚粉が中心となる（図4―2）。ただ、魚粉だけでは長期にわたる真冬どりの作型ではコヤシが切れてくる。このため、真冬どりの菜っ葉をつくるには、夏に米ヌカを一a当たり一〇〇kg程度まいてロータリをかけておく。チッソ成分で二〇kgほどになるが、速効性は皆無である。だから、

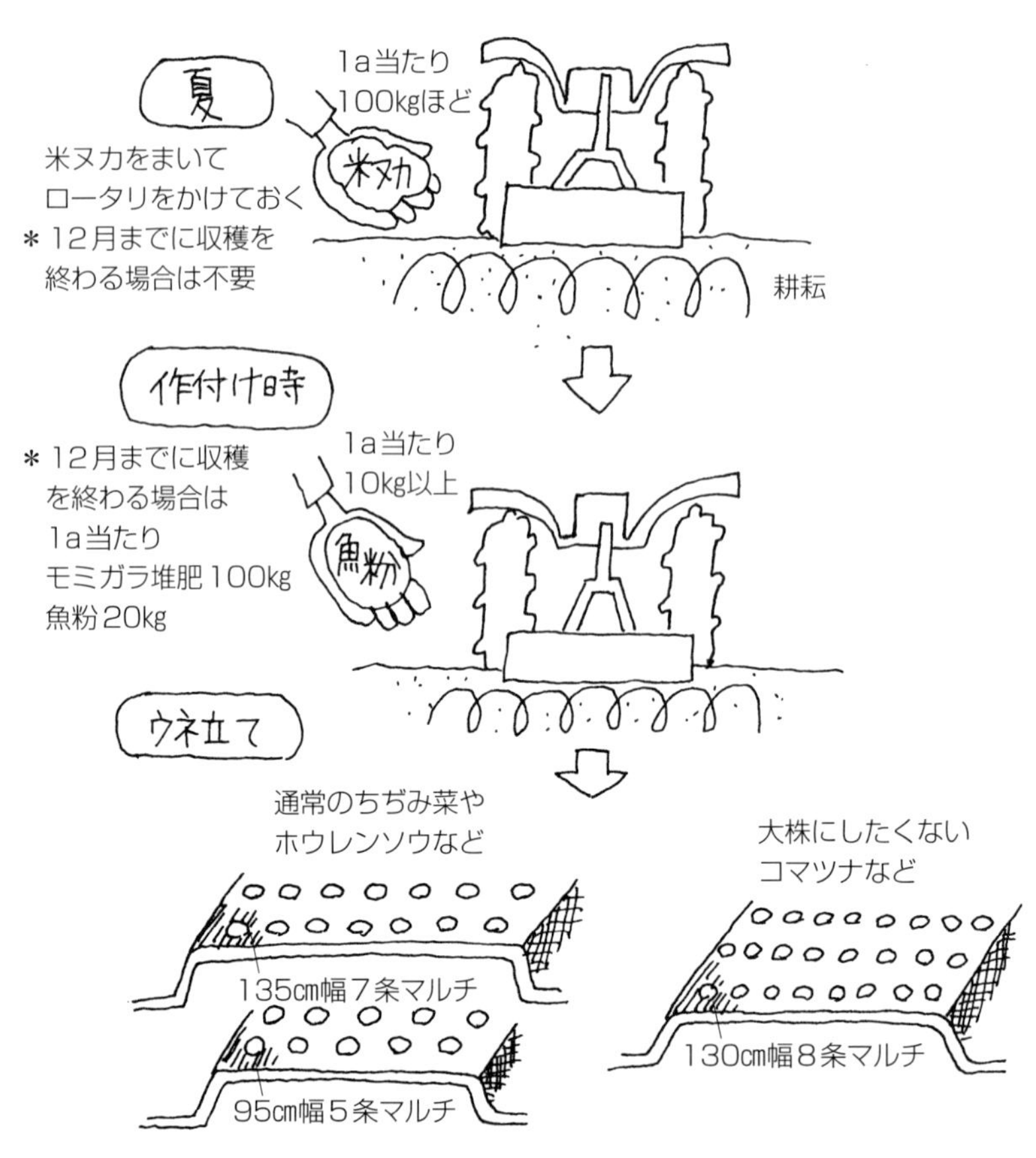

図4−2　菜っ葉類（夏以外）のウネと施肥

この場合も作付けの際、必ず魚粉を一a当たり一〇kg以上振ってから植える。十二月までに収穫を終える作型ではこの「米ヌカの予肥」は不要で、モミガラ堆肥一a当たり一〇〇kgと魚粉一a当たり二〇kgだけで十分である。

ちなみに、米ヌカを入れてある畑はコヤシが翌夏まで残るから、後作に果菜類などをつくるとちょうどいい。

マルチの選び方と犬猫対策

肥料をすき込んだらタネバエ対策のため、すぐにウネを立ててマルチをかける。

マルチは通常九五—五（九五cm幅五条）か、三七—五（一三五cm幅七条）を使う。やや大株にしたいミズナやミブナは九四—五や三六—五、大株にしたくないコマツナなどは三八—二（一三〇cm幅八条・みかど化工）が便利。

魚粉を使った場合、犬猫にマルチを破かれることがある。特に何も植えていないマルチは好んで破かれる。

対策としては、地面ぎりぎりの低めに電気柵を張ってやるか、マルチを張ってから数日間防風ネットなどを上にべたがけしておいて、ニオイが飛んでから植えるという手がある。ただ、雑草のひどいところはさっさと植えたいので、手間はかかっても電気柵のほうがいい。

植え穴を棒であけて定植

植え付けは穴あけ棒で穴をあけ、そこに苗を押し込んでいくだけである。穴あけ棒は折れたスコップの柄などでつくっているが、棒の先をナタで適当に削っただけのものでもいい（写真4―2）。

苗と土との隙間ができると乾くので、指で土を少し寄せる。だいたい一箱二二〇株植えるのにかかる時間が二〇～三〇分程度である。

定植後の虫よけネットの使い方

春や初秋の虫のつきやすい時期は、定植後すぐに虫よけネットをかける。やや幅の広めのネットを使い、両端を土で留めておくと虫の侵入がほぼシャットアウトできる。ただ、収穫数日前から土から剥がして、固定用のクシで留めるようにしないと、ネットをあけるときに菜っ葉に土がかかって汚れる。私のところでは十月以降の定植の場合、

＊マルチの規格の見方

穴あきマルチの規格は４桁の数字で表わされる。たとえば、3715という数字は、左から１桁目がマルチの幅（ただし、１m以上の幅は省略していて、数字は10cm単位の数字）、２桁目は条数、3、４桁目は株間ということになる。つまり、この場合、135（130のときもある）cm幅で、株間15cmの７条マルチということになる。9415なら、95cm幅の株間15cmの四条ということだ。

ちなみに、この数字にはマルチの種類（黒とかグリーンとか銀ネズとか）や穴径の情報は入っていないから、ちゃんとマルチに書かれている表示を確認のこと。

写真４―２　植え付けはスコップの柄などでつくった穴あけ棒で穴をあける

虫よけはしなくても大きな被害はほとんど出ない。残暑が厳しく虫害の激しい年は、十月上旬の定植までは虫よけネットを使ったほうが無難だ。

冬どり用の菜っ葉は遅くとも十月中に植え終わるようにしている。寒いところではもう少し早く、温暖な地域ではそれより遅くともいいだろう。

厳冬期収穫分は十二月になったら不織布のべたがけをする。できれば北や西のほうだけでも土で留めると、隙間風が入りにくく保温性が格段にアップする。べたがけはヒヨドリの食害を防ぐのにも卓効がある。

以下、作目ごとの勘どころを記しておく。

コマツナ（小松菜）

四〜六粒播きで小さく

コマツナは生育が早いので直播きでもいけるが、苗を植えたほうがやはり虫食いが少なく株ぞろいもいい。ただしあまり大株にしたくないので、一ポットに四〜六粒播きとする（写真4－3）。ちぢみ菜やミズナなどを含め、アブラナ科の菜っ葉は九月下旬から十月半ばまでの播種なら虫害が少なく虫よけネットは不要だ。

私はネコブ病抵抗性品種の「河北」（渡辺採種場）を愛用している。

写真4−3　コマツナは1ポット4〜6粒播きで小さくつくる

ミズナ（水菜）・ミブナ（壬生菜）

二粒播きで大きく

私が百姓を始めた頃、ミズナは東日本では見向きもされなかったのに、今ではどこのスーパーでも置いている。これほど出世した菜っ葉も珍しい。

ミズナは生育が早いわりにトウ立ちはそれほど早くない。ミブナはまだま

写真4−4　ミズナは1ポット2粒播きで大きくつくる

だマイナーだが、私のお客さんの評価は悪くない。生育が早くトウ立ちも遅いので、重宝する菜っ葉。ともに二粒播きで他の菜っ葉より大きく育てる（写真4―4）。

ちぢみ菜

間引き収穫で菜の花をとる

ちぢみ菜はじぷしい農園イチオシの菜っ葉（写真4―5）。こんなにうまい菜っ葉が市場にあまり流通しないのが不思議だ。青臭さがなくて歯切れよく、濃緑で見た目もいいから、お客さんに大人気の菜っ葉である。味のよさが理解されれば、ミズナ以上にブレイクする可能性がある。

写真４－５　ちぢみ菜は青臭さがなくて歯切れよく、お客さんに大人気

　生育は緩慢だが、寒さにはかなり強く、葉数で重さを稼ぐ菜っ葉なので収穫適期が長いのもありがたいし、大きくすれば収穫調製もラク。しかもタネ代も節約できる（144ページ）。

　欠点を挙げれば、トウ立ちが早くて早春につくりにくいこと、根こぶ病抵抗性（CR）品種がないことぐらいか。

　ただし、トウ立ちしても菜の花で売れる。ちぢみ菜は菜の花としても絶品なのだ。色が濃く火を通してもきれいで、つぼみが締まって見栄えもいい、甘くて歯切れも良好だ。アブラナ科の菜の花でもいちばんうまいと思う。特に側枝の質がいいので、間引き収穫して菜の花専用に大株を残しておくといい。他の菜っ葉類（チンゲンサイ・コマツナ・未結球ハクサイなど）も、秋に売り切れなければ菜の花で売ればいい。

　株張りがいいので二粒播きにして、間引き収穫で一本立ちにする。交配種では「みそめ」（タキイ種苗）はタネが安く、「広瀬ちぢみ菜」（渡辺採種場）はやや晩抽性だ。

ホウレンソウ（アカザ科）

低温伸長性品種はダメ

　晩秋から初冬にかけて収穫する作型がもっともつくりやすいが、圧倒的に甘いのは真冬のホウレンソウである。

　わが農園では九月後半から十月上旬に播き、十月中までに定植する。一ポット三粒ぐらいがいい。秋播きの品種は「強力オーライ」（タキイ種苗）を使っている。味がいいのが特徴だが、最近の品種のように葉は濃緑ではないしべト病の多レース抵抗性もない。ただし、農園でホウレンソウのべト病を見たことがないから、まったく問題ない。

ちなみに、低温伸張性の高い品種は、直売には絶対に使わないこと。同化養分がほとんど生長に使われるためか、甘味もへったくれもないホウレンソウになる。

長日植物のため、春は晩抽性の品種を使わないとあっという間にトウ立ちする。ただし、どんな品種を使っても味がイマイチだから、あまりつくらないほうがいい。

シュンギク

無加温ハウスで栽培

シュンギクの品種は、西日本は株張り系、東日本は摘み取り系と、棲み分けができているようだが、味がよいおすすめは、茎のない株張り系である(タキイ種苗の「菊次郎」など)。

いちばん簡単な作型はハクサイと同じ頃に播いて晩秋にとる作型だが、最近はハモグリバエの被害で売れなくなることが多くなった。秋播きの無加温ハウス栽培ならハモグリバエもつかないので、もうこの作型しかつくれないかも。

チンゲンサイ

いちばん大きくなる菜っ葉

チンゲンサイは基本的に一穴一本植えである。一本ずつ植えるため、ペーパーポットやプラグトレイに一粒ずつ播いても、苗箱にすじ播き、バラ播きのいずれでもよい。間隔一五cm角の穴あきマルチでも袋詰めに難儀するほど巨大化することがあるから、ちょうどいい大きさで収穫すること。

キャベツ・ブロッコリー（アブラナ科）

虫害との戦い

虫よけネットだけでほぼ防げる

キャベツとブロッコリーは、あまりにもお馴染みの野菜だが、圧倒的に虫害にあいやすい野菜でもある。一般には農薬なしには栽培がきわめて困難と思われている。だからこそ無農薬のキャベツやブロッコリーは価値があるのだが、栽培には手間がかかり、つくる側からするとあまり割に合う野菜とはいえない。

ただ、虫よけネットだけでほぼ確実に収穫できるし、どちらも収穫は鎌で切るだけで手間いらずの野菜だから、これまで虫害であきらめていた方もぜひ挑戦してほしい。キャベツとブロッコリーは基本的に栽培法はほとんど同じである。

キャベツもブロッコリーも夏播きがおすすめ

キャベツは作型に応じて膨大な品種が育成されている。作型に合った品種を使わなくてはいい出来にならないので、カタログをよく見て品種を選ぶこと。おすすめの作型は夏播き秋冬どり、秋播き春どり（図4―3）。ややリスクがあるが厳冬期播き初夏どりの作型も可能だ。

ブロッコリーには、春作と秋冬作がある。どちらも無農薬で可能だが、春

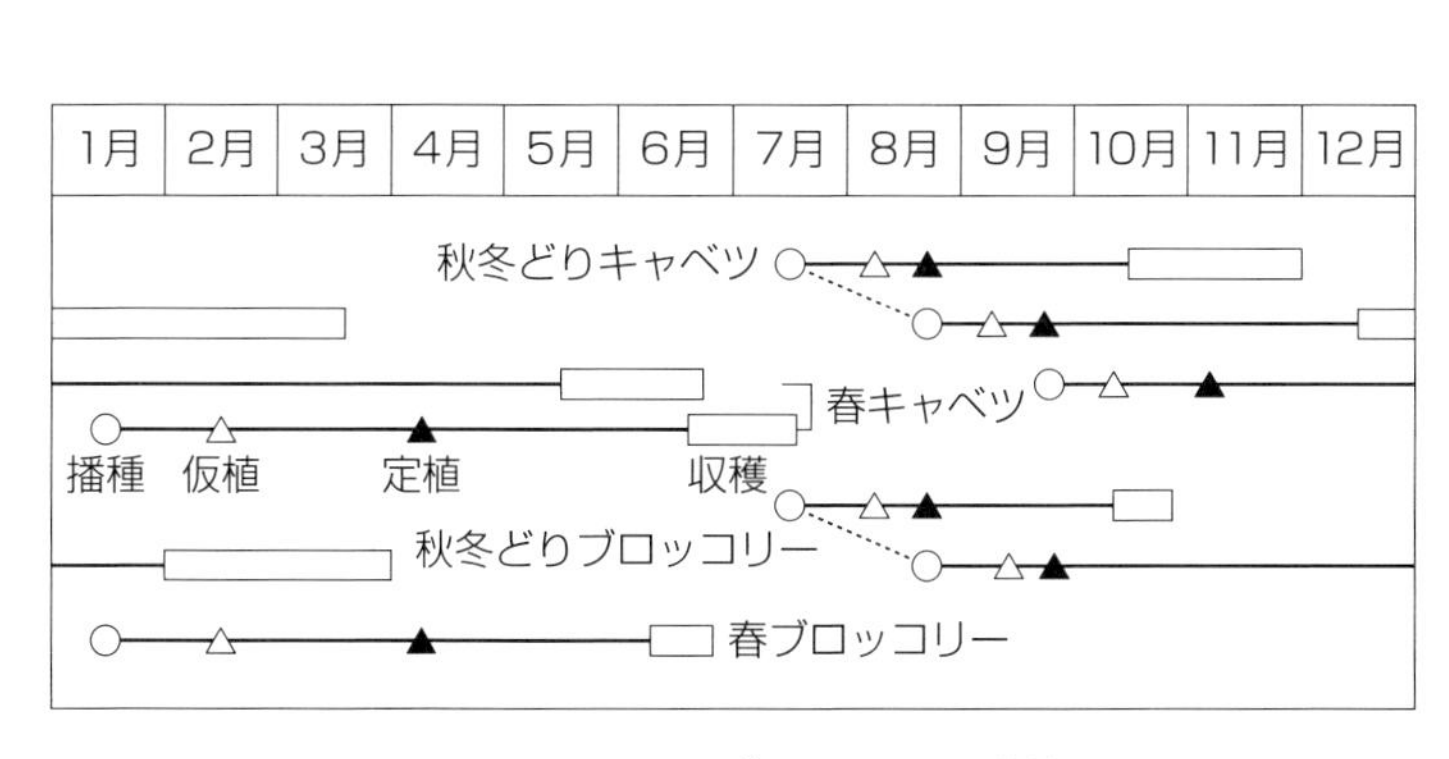

図4－3　キャベツ、ブロッコリーの栽培暦

作は収穫期間が短い上に障害が出やすく、特に春が雨がちの年は花蕾が腐ることがあるから、夏播き秋冬どりの作型が中心となる。基本的に品種の早晩性の違いで収穫期をずらすが、中早生種ではタネ播き時期をずらすことによって、大幅に収穫期を広げることが可能だ。

〈夏播き秋どりの品種〉

梅雨明け直前に播いて、十~十一月にとる作型。初期の虫害にだけ気をつければほぼ確実に結球するので、割合つくりやすい作型。キャベツの品種は「初秋」(タキイ種苗)がおすすめ。味がよくて栽培も簡単だ。

ブロッコリーでは、古い品種だが「緑嶺」(サカタのタネ)がつくりやすい。この他大きな二番蕾(セカンドドーム)がとれる「夢ひびき」(ナント種苗)もおもしろいし、ネコブ病の心配がある圃場では「しげもり」(みかど協和)がネコブ病にある程度耐病性がある。ただし、ホウ素欠乏が出やすいという欠点もあるが。

〈夏播き冬どりの品種〉

梅雨明けからお盆頃に播いて初冬から初春にかけて長々と収穫する作型。野菜の少ない時期にとれ、寒い時期に手間いらずで収穫できるのでありがたい。味も最高で、後半は虫害も少ない。

ただし、寒い年は凍害が出るし、タネ播きが遅れたり肥切れすると、キャベツでは結球しなかったり結球が遅れて一気に裂球したり、ブロッコリーでは三月頃になっていっせいに収穫となって売り切れなかったりする。

キャベツの品種は十二~一月どりは「輝岬」(タキイ種苗)がおすすめ。何より品質がいい。二~三月どりは「湖水」(タキイ種苗)もいいが菌核病が出やすい。この時期は寒玉系もいいのだが、コヤシ食いの品種が多いのが難点である。

ブロッコリーの晩生種には多くの品種があるが、まだ決定打といえる品種を知らない。とりあえず「エンデバー」や「ビッグドーム」(どちらもタキイ種苗)を使っているが、厳冬期の肥大がイマイチである。

〈秋播き春どりの品種〉

秋の彼岸頃タネを播き、五月頃に収穫する作型。

冬の間は害虫はほとんど出ないが、収穫の頃は気温が上がってくるので、アオムシ・ヨトウムシなどがいっせいに出てくるし、菌核病などの病害も多発する。

また、冬の間は害虫こそいないが、ヒヨドリの食害を受けやすい。それさえなければ確実に結球するのでつくりやすい。

キャベツの品種は裂球しにくい「味春」(タキイ種苗)がおすすめだが、極早生種の割には結球が遅いのが欠点。

播種は虫よけネットの中で

二二〇穴のペーパーポットか二〇〇穴のプラグトレイに播くが、水やりや鉢上げの簡便さから私はペーパーポットを使っている。

夏の暑い時期は発芽まで日陰の涼しいところに置く。日向に置くと発芽が著しく悪くなる。本葉一・五枚ぐらいで九cmポリポットに鉢上げする。管理はすべて虫よけネット（サンサンネット）の中で行なう。

写真4－6　米ヌカ予肥をやった真冬どりキャベツ。肥切れの気配がなく、凍害が少ない

写真4－7　米ヌカ予肥をやらなかったキャベツ。肥切れして結球せず散々

真冬どりの肥切れには米ヌカ

キャベツやブロッコリーでネコブ病抵抗性のものはほとんどないので、ネコブ病汚染地でない畑を選ぶ。

草を生やしているとネキリムシ被害が多いので、一カ月以上前から何度かロータリをかけ、きれいにしておく。

真冬どりの作付け場所には定植ひと月以上前に米ヌカ（予肥）を振って何度かロータリをかけておくと冬の肥切れを防ぐことができる（写真4－6、写真4－7）。定植前にはカキガラ石灰も振って、すき込んでおくと石灰分だけでなく、微量要素の補給にもなる。

キャベツもブロッコリーも、ウネ間七〇cm・株間四〇cmとし、虫よけネットのトンネルの関係で二条で一セットとなる（図4－4）。トンネルのフレームは二一〇cmの規格品、ネットは一八〇cm以上の幅のサンサンネットなど専用の虫よけネットでもいいが、安い防風ネット（四mm目合い幅二m）でも十分。ビニールトンネルでないので、フレームも二mおきで十分。

定植は、植え溝を切って、そこにモミガラ堆肥と魚粉をまいておく。堆肥がなければ魚粉だけでも可。魚粉は一〇m当たり一kg程度。魚粉の上に直接植えたら根が傷みそうだが、まったく問題ない。植えたらすぐに虫よけネットのトンネルをかける（写真4－8）。定植時にもモンシロチョウがヒラヒラしていたりするから、手早くやらなくては卵を産みつけられる。ただ、少しぐらい産みつけられても大勢に影響ないので、過剰に心配しないこと。

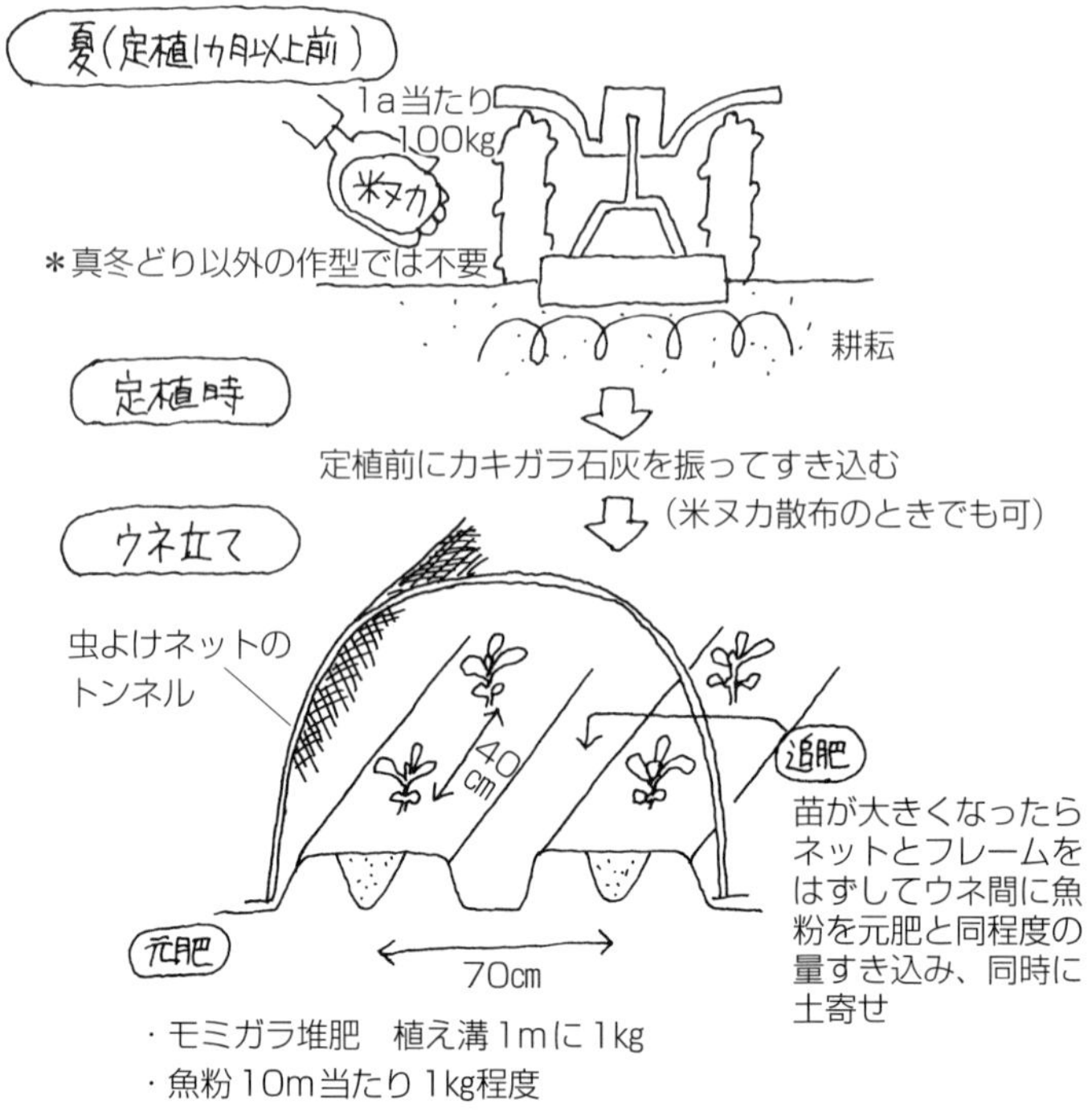

図4－4　キャベツ、ブロッコリーのウネと施肥

トンネルをはずして土寄せ、終わり次第すぐに復旧

定植後半月あまりして苗が大きくなったら、ネットやフレームをはずしてウネ間に魚粉を追肥として振り、培土板をつけた管理機で土寄せする。このときも土寄せが終わり次第、すぐにトンネルを復旧する。これが管理としてはいちばん面倒な作業だ。

写真4－8　夏播きでも、虫よけネットのトンネル内で育てれば虫害は防げる

ただし、十月の中旬以降の土寄せなら、トンネルをかけ直す必要はない。先に土寄せが終わったものも、十月半ば以降はネットをはずしたほうが、ガッチリと育ってキャベツも立派なのがとれるし、ブロッコリーの花蕾もでかくなる。ただし、冬にヒヨドリが来襲する地域では、今度は鳥よけネットとしてかけ直さなくてはならない。その際、キャベツはフレームなしのべたがけでいいが（大雪のときフレームがあると折られる）、ブロッコリーは花蕾がネットと擦れて売り物にならなくなるから、ブロッコリーのウネと平行に一条でフレームを立て、ネットも一条ごとにかける。これなら大雪でもフレームが折られることはない。

写真4－9　ブロッコリーはこの頂花蕾のあとの側枝もとれる

ブロッコリーは側枝もとる

キャベツは一発どりで終わりだが、ブロッコリーは頂花蕾（写真4―9）のあとに側枝がとれる。店頭ではほとんど頂花蕾しか売られていないが、直売では側枝のほうが人気だったりするから、側枝もしっかりとったほうがいい。そのためにも肥切れは厳禁で、予肥が重要になってくるわけだ。

ハクサイ（アブラナ科）

虫のつきやすい野菜の筆頭

つくりやすい秋作に徹する

　ハクサイ（写真4－10）もキャベツに並んで虫のつきやすい野菜の筆頭であるが、キャベツとは虫の種類が若干異なるので、虫害対策もかなり違ったものになる。

　また、作型が幅広いキャベツと違い、ハクサイは春作と秋作の二つしかない。このうち春作は収穫期間が短く、収穫期に虫害がひどいので、無農薬では栽培が困難だからつくらないほうが無難。栽培が容易で収穫期が長く、利用範囲も広い秋作に徹したほうがいい。

写真4－10　ハクサイは栽培が簡単な秋作に徹したほうがいい

根こぶ病に強い黄芯系品種は？

　最近は黄芯系のハクサイがほとんどだが、山東ハクサイの血が入っているのか、確かに漬物にしても味がよく色もきれいだ。以前は黄芯系ハクサイといえば、日本農林社の「新理想」だったが、この品種、根こぶ病菌をまぶし

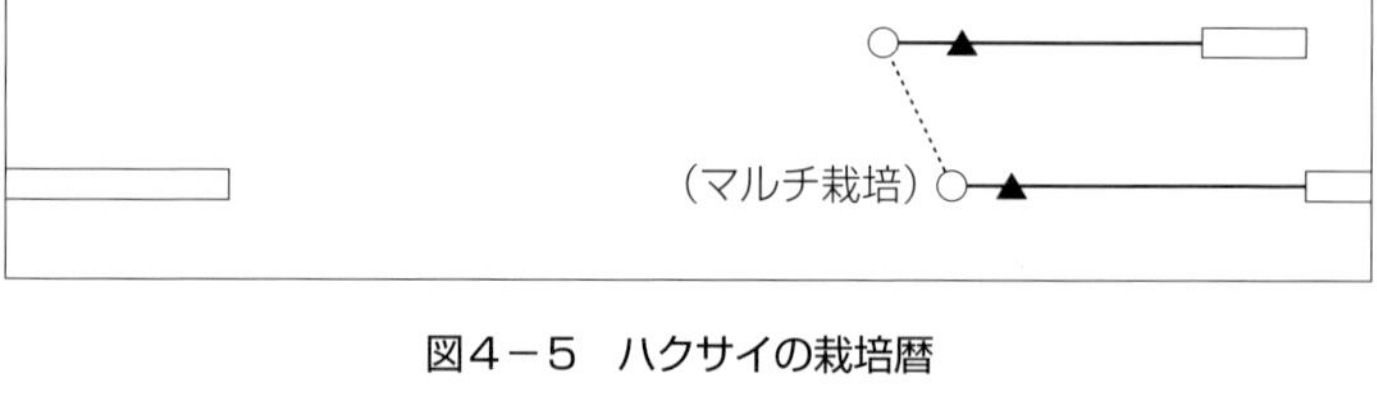

1月	2月	3月	4月	5月	6月	7月	8月	9月	10月	11月	12月

（マルチ栽培）

図4－5　ハクサイの栽培暦

てあるのかと思うぐらい根こぶ病に弱い。わが農園の根こぶ病はこの「新理想」ハクサイから始まったぐらいだ。味はピカイチで生理障害も出にくいので根こぶ病抵抗性（CR）さえあればすばらしい品種なのに残念だ。ちなみに同社から出ている根こぶ病抵抗性の新理想シリーズは、生理障害がかなり出やすくてイマイチである。

黄芯系の根こぶ病抵抗性品種は各社からたくさん出ているが、どれが決定打とはいえない。ただ、新しい品種が出るたびに、タネの価格だけはどんどん値上がりしていて、最近では一粒三～四円するのも珍しくない。私も念のために根こぶ病抵抗性品種をつくってきたが、どれもホウ素欠乏が出やすい気もするので、根こぶ病の心配の少ないところでは、生理障害の出にくい古い黄芯系品種を探したほうがいいかもしれない。

早く播くと虫だらけ、味ものらない

播種時期が重要だ。自家用につくっている農家は早く食いたいせいか、あるいは昔の播種適期そのままに播くせいか、とにかく早く播きすぎ。十月には丸まって、霜が降りる頃には虫害でボコボコになっていたりする。

早く食いたければ中早生品種（七〇～七五日品種）を少しだけ播いておけば十分。主力は八〇～九〇日品種を十二～一月にようやく結球するぐらいに播く。私のところなら八月の終わりから九月の初めだ。この時期なら虫害はかなり少なくなる。しかもハクサイは氷点下にならないとさっぱり味がのらないから、早い時期にはそんなにいらない。漬物にすればいちばんよくわかる。真冬のハクサイは、塩だけで漬けても味の素をまぶしたように、くどいぐらい濃厚な味がするが、十一月に漬けたら塩の味だけである。

タネは七二穴のペーパーポットに一粒ずつ播く。二粒落ちてもそのまま覆土し、本葉一～二枚ぐらいのときに間引いて欠株のところに挿してやれば、一箱七二株で欠株のない苗箱になる。

苗のうちの虫害はバッタ類がほとんどだ。地際から入らないよう注意し、入っているものを見つけたら逃さず捕殺すればじきに被害は収まる。

育苗期間は半月ほどだが、大雨に当たるとコヤシが切れて情けない苗にしかならないので、定植数日前までハウス内で管理したほうがいい。

無マルチは追肥主体、マルチ栽培は元肥主体

早く播いたものは無マルチ定植（図4―6）。遅い播種のものは黒マルチを使う。コヤシはどちらも堆肥と魚粉

とカキガラ石灰。無マルチは追肥が主で、マルチ栽培は元肥が主となるから、量を加減する。ハクサイはかなりのコヤシ食いなので、チッソ成分は合計で一a当たり二・五kg以上は必要。魚粉だけでいえば、三〇kgを軽く超す量だ。

無マルチではウネ間七〇cm株間四〇cm、マルチ栽培ではウネ間一四〇～一五〇cmの二条植え株間四〇cmとする。この場合、ジャガイモやサツマイモ同様、幅の広いマルチ（この場合一八〇cm）をかけて、追肥後全面マルチにするとよい。

無マルチ栽培ではウネ間に管理機が通せる大きさのうちに追肥と土寄せを行なう。マルチ栽培では堆肥と魚粉を混ぜたものをウネ間に敷いて追肥とする。あとは収穫までほったらかしだが、ハスモンヨトウの発生時には虫つぶしに集中する。

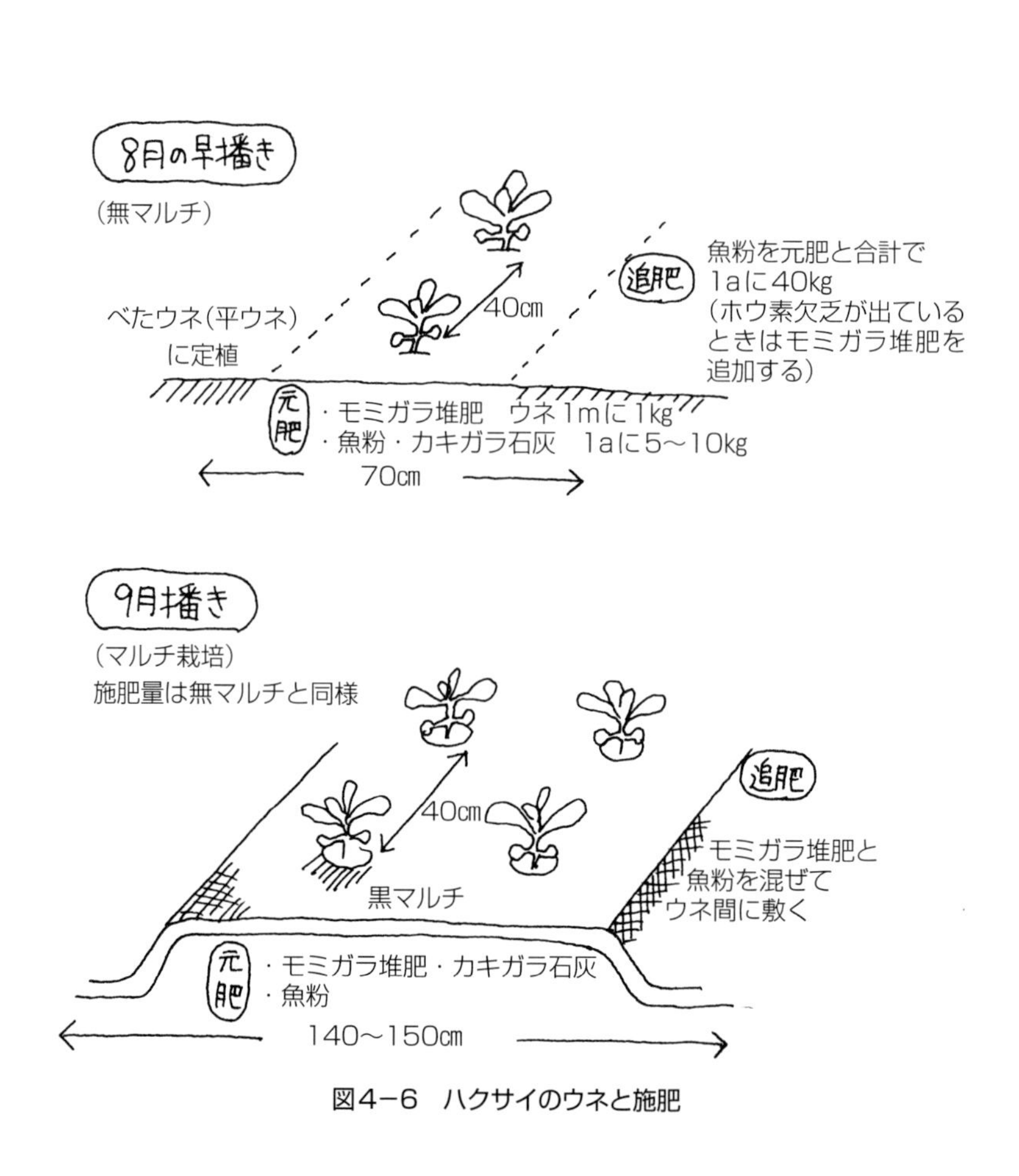

図4−6　ハクサイのウネと施肥

ナバナ（アブラナ科）

虫害の心配が少ないアブラナ科野菜

ナバナはトウ立ち菜を利用するということで、どちらかというとブロッコリーに似た利用法といえるが、作型としてはハクサイや冬どりの菜っ葉に似ているし、病害虫に関してはカブやダイコンに類似する。ただ、次から次へと伸張する生長点を摘んで収穫するという性格上、病害にも虫害にも比較的強い（生長点は病害に強く、冬に出る新芽のため虫害にもあいにくい）ので、アブラナ科の野菜としては栽培が容易である。

同じくトウを利用するものに、コウサイタイやサイシン、「オータムポエム」（サカタのタネ）がある。これらはナバナよりも耐寒性が弱いが、早い播種なら同じように栽培できる。

タネ播きは九月になってから

八月の後半から十月まで播け、タネ播き可能な期間が長い。早く播くとアオムシ、カブラハバチ、ハスモンヨトウなどの集中攻撃を受け、出雷期に雨が続くと、つぼみがみな腐る。しかもあまり早くとれてもまだ野菜の多い時期だからありがたみが少ない。だから、播種は早くても九月になってから。ただし、あまり遅いと株張りが小さくなり、春になってからでないと収穫できないし、冬の季節風で振り回されて枯れる確率も高くなる。遅くとも十月上旬までに播いておいたほうがいい。

一二八穴ぐらいのペーパーポットかプラグトレイに二粒播き。他の菜っ葉よりも虫がつきにくいので、管理は意外と簡単。ただし、アブラムシだけは

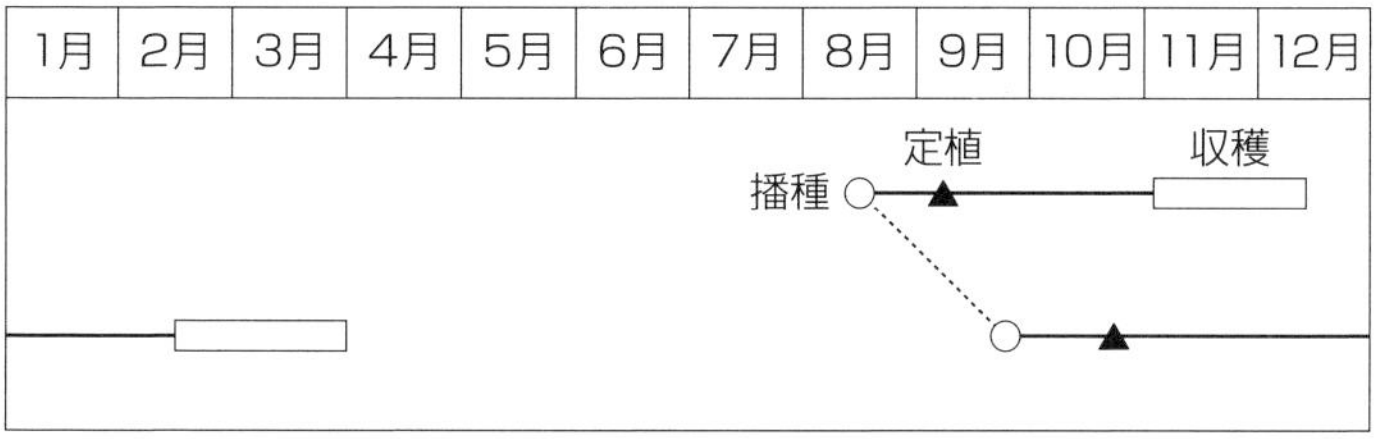

1月	2月	3月	4月	5月	6月	7月	8月	9月	10月	11月	12月

図4－7　ナバナの栽培暦

注意が必要だ。

元肥も追肥も魚粉

十月定植の場合はマルチ栽培もいいが、九月までの定植ならマルチは不要（図4—8）。

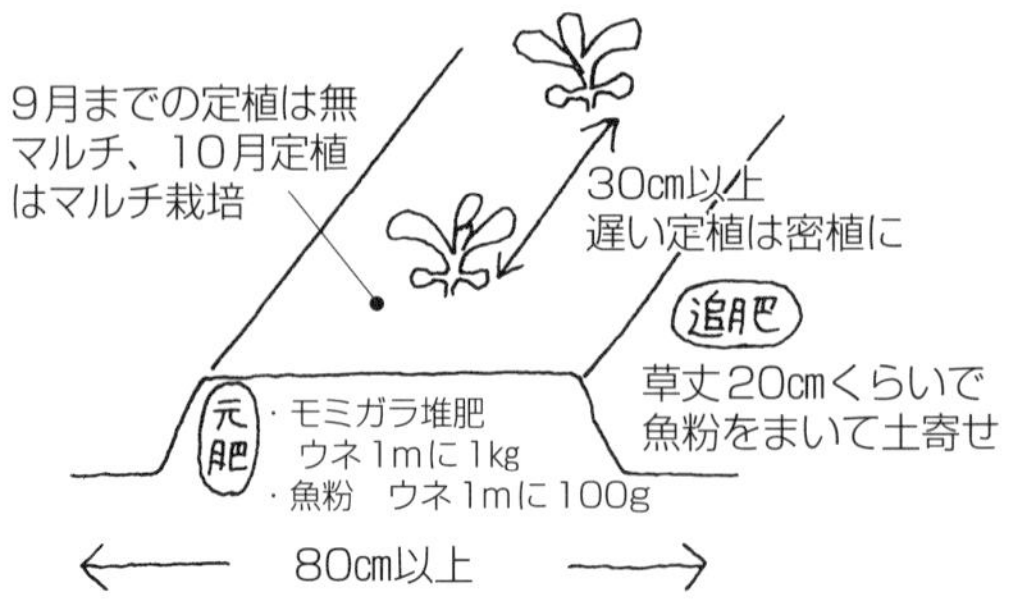

図4—8　ナバナのウネと施肥

元肥は堆肥もあればいいが、わずかの魚粉だけでも十分だ。できれば米ヌカ予肥も一a五〇〜一〇〇kgやっておくと、冬期の勢いが違う。株間は早い時期は三〇cm以上必要だが、遅い定植ほど株張りが小さくなるので密植とする。ウネ幅は収穫がしやすいように八〇cm以上ほしいが、あまり広くすると管理機で土寄せできなくなる。

二〇cmぐらいの丈に育ったらウネ間に魚粉をまいて土寄せする。土寄せしないと姿勢が悪くなるし、季節風で振り回されて根元からちぎれて枯れることがある。

ヒヨドリと凍害から守る

主枝花蕾は太くて短いのであまり品質はよくない。ブロッコリーと違って側枝が主力である。

厳冬期にはヒヨドリの食害を受けることがある。ナバナに対するヒヨドリの嗜好性は決して高くないが、覆いが何もないとつぼみのまわりの葉をついばんで売り物にならなくなる。他の菜っ葉では不織布のべたがけで覆えば問題ないが、ナバナのように高さのあるものでは、肝心のつぼみが擦れて傷むし、不織布の糸がからんだりして売り物にならない。この対策としては、ナバナを覆うような枠をつくり、防風ネットでもかける以外ない。

厳冬期には凍害でかなりのダメージを受けるが、枯死しなければ春になって回復して収穫が見込める。ただその頃には、ちぢみ菜などの他の菜っ葉の菜の花も出てくるからありがたみが少ない。厳冬期にもとれるように、中晩生のナバナはマルチ栽培で風当たりの弱い暖かな畑に植えるのをおすすめする。

レタス（キク科）

魚粉栽培でダシの出るレタス

火を通して食べるのがおすすめ

レタスのような誰にでも好まれる野菜は、なるべく長期間販売したい（写真4—11）。

写真4－11　レタスは味噌汁に入れると抜群にうまい

寒い時期は生野菜など食いたくないと思われる方もいるかもしれないが、レタスは味噌汁に入れると抜群のうまさである。「レタスのもっともうまい食べ方は味噌汁の具である」あるいは「味噌汁にもっとも合う野菜はレタスである」といってもいいぐらいだ。ゴボウと同じキク科だからか、異様に上品なダシが出て、レタス特有の歯切れもそのまま。少しぐらい煮ても、ハクサイやキャベツのようにフニャフニャにはならないのが不思議である。もちろん炒め物でもいい。レタスは火を通してもうまいことを知らせれば、もっともっと需要を掘り起こせるだろう。

ちなみにレタスの栽培では、鶏糞は使用しないほうが無難。かなり以前になるが、もらってきたケージ飼いの鶏糞を、米ヌカやモミガラと一緒に堆肥

1月	2月	3月	4月	5月	6月	7月	8月	9月	10月	11月	12月

秋作：8月播種（○）→△移植→▲定植→10月下旬～11月収穫
秋作：8月下旬播種（○）→△移植→▲定植→12月収穫
越冬作（マルチ）：9月播種（○）→△移植→▲定植→翌5月収穫
春作：1月播種（○）→△移植→▲定植→5月収穫（マルチ）
春作：3月播種（○）→△移植→▲定植→6月下旬収穫（白マルチ）

○播種　△移植　▲定植　□収穫

図4－9　レタスの栽培暦

に積んだ。その堆肥だけを使って栽培したところ、立派なレタスがとれたが、お客さんから苦すぎるとクレームが来た。確かに自分で食べてみても苦いレタスだった。何度つくっても同じで、魚粉や米ヌカ堆肥ではまったく問題ないので、おそらく鶏糞が原因だが理由は不明である。

もっともつくりやすい春作

レタスは高温を感じてトウ立ちを起こすが、春はまだ気温が低いので、冬から春にかけて播く作型はもっとも栽培が容易だ。しかも徐々に気温が上がっていく時期なので、地力も発現しやすく確実に結球する。

ただし、きわめて大きな弱点がある。それは、結球時期が比較的高温時期にあたるので、収穫適期がきわめて短いことだ。レタスは固く丸まると、あっという間に腐りだす。初夏の結球ではちょうどいい頃合いに結球してから一週間も売ることができない。真冬に播種して五月末に収穫すればもう少し収穫適期が延びるが、それでも、春は何度もタネ播きしなくては継続的に販売するのは不可能である。

秋作はトウ立ちとの戦い

秋作は高温期のタネ播きゆえ、トウ立ちとの戦いだ。なるべく早く播かないと晩秋の冷え込みで結球しなくなるが、早すぎるとトウが立ってハナシにならない。毎年天候が違うので、トウ立ちの心配のない時期を決めるのは難しい。ムダを覚悟で早い時期から何度か播いておいたほうがいいだろう。

春もっとも早くとれる越冬作

秋に播いて晩秋に定植、越冬して春にとる作型である。真冬に枯れるものも少なくないので、最近私もつくっていないが、春もっとも早くとれだす作型なので、うまくつくれば端境期に威力を発揮する。ちなみに、この作型は草姿も特別で、外葉が著しく小さいという特徴がある。ほとんど収穫部分しかない姿だから、超密植が可能かもしれない。

モミガラ堆肥と魚粉の元肥のみ

レタスはアブラナ科の植物のように発芽がそろわないし、一～二粒ずつ落とすのは困難なので播種にペーパーポットやプラグトレイを使わず、深型の苗箱にすじ播きとする。そして、そ

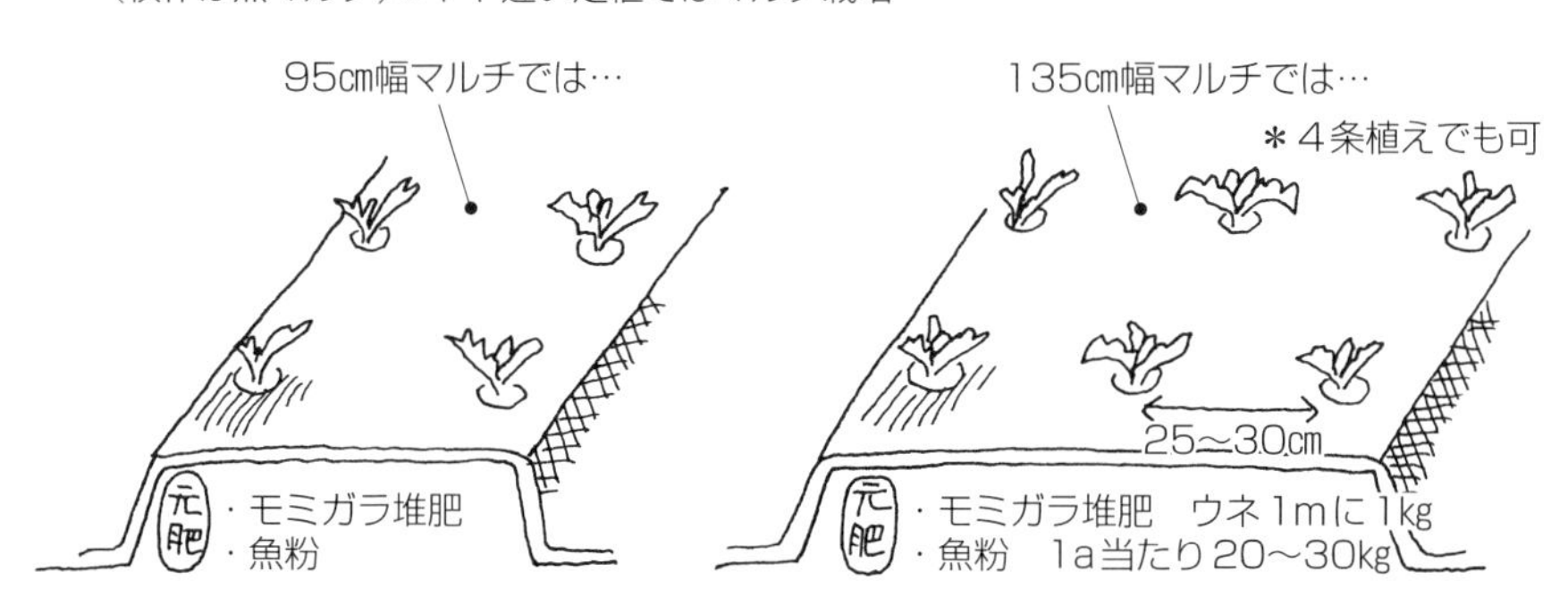

図4−10　レタスのウネと施肥

ろったものをペーパーポットに鉢上げする。

本来、好光性種子（光発芽種子）だから、覆土は厚すぎないよう注意する。本葉二枚ぐらいのときにペーパーポットの一〇号（七二穴）か一一号（一二八穴）に鉢上げする。

早春の定植や越冬作では黒マルチは必須（図4—10）。五月以降の定植ではレタスには高温すぎるので、白マルチのほうが球の形が崩れない。

九五cm幅のマルチでは二条、一三五cm幅では三〜四条植えとし、条間は二五〜三〇cmとする。

レタスは生育期間が比較的短く、コヤシ食いの野菜でもないので、全量元肥で可。基本的にモミガラ堆肥と魚粉でいいが、越冬作のように栽培期間が長いものでは米ヌカも使える。ただ、チッソ全量の半分以上は速効性の魚粉や堆肥でやるべきだ。どの作型も魚粉の量は一a当たり二〇〜三〇kg、春作は少なめでいい。

収穫は固く丸まらないうちに

定植したら基本的に収穫までほったらかし。手で押さえてみて、ある程度球が固くなったら収穫期だ。キャベツやハクサイと違い、固く結球すると品質が落ち、傷むのも早いので、あまり固く丸まらないうちに収穫する。重いレタスは内部が傷んでいる可能性が高いから売らないほうが安心だ。

盛夏期の菜っ葉

夏には夏用の菜っ葉がある

過剰作付けしないのが鉄則

ふつう、菜っ葉というと涼しい時期のもので、夏は本来端境期である。店先では夏もコマツナやホウレンソウが売られてはいるが、いくら高原や北海道の生産物でも、冬のものとはまったくの別物で、味もそっけも栄養もない代物だ。

おまけにこれらを無農薬でつくろうとすると、病気や虫のオンパレードで、十中八九失敗する。

夏には夏野菜が豊富にあり、菜っ葉を食わなくてはならないこともないのだが、毎日キュウリやナスばかりでは飽きてくる。夏には夏用の菜っ葉があるので、それをつくればいいだけだ。

夏の菜っ葉の多くは摘み取り収穫タイプだ。摘み取り型の野菜は未熟型果菜類と同じで、常に収穫していないといいものがとれない。販売可能な量以上は作付けしないのが鉄則である。

私がつくった夏の菜っ葉

夏の高温期に向く菜っ葉で、冬に一般的なアブラナ科のものはほとんどない。私がこれまでつくったものは、ヒユナ、オカヒジキ、オカノリ、フダンソウ、ツルムラサキ、モロヘイヤ、クウシンサイ、キンジソウ、青ジソだが、その特徴を挙げてみる。

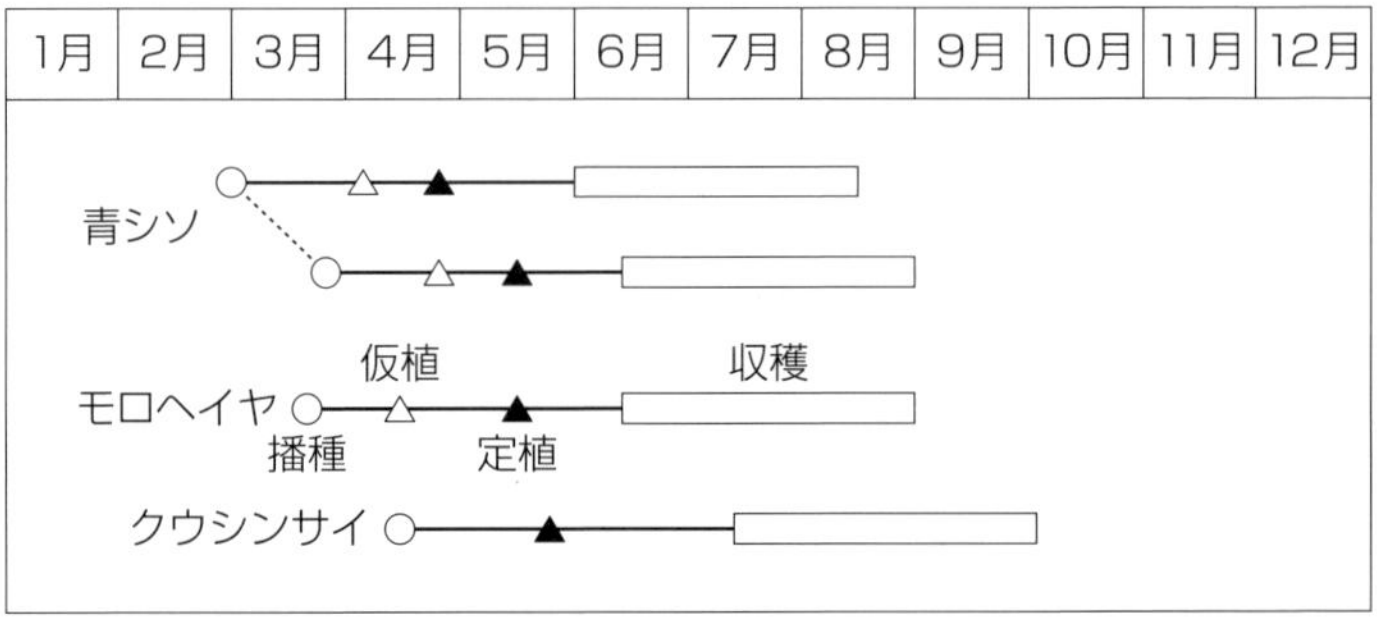

ヒユナ（バイアム）

主に南アジアで栽培されるヒユ科の

1月	2月	3月	4月	5月	6月	7月	8月	9月	10月	11月	12月

青シソ
仮植
収穫
モロヘイヤ
播種
定植
クウシンサイ

図4－11　盛夏期の菜っ葉類の栽培暦

菜っ葉。新芽を摘み取って食べる。味はクセがなく淡白。病虫害は少ない。軽いので収穫量はあげにくい。

オカヒジキ

アカザ科の菜っ葉だが、菜っ葉というより松葉ボタンの葉のよう。味・食感はいいが、初期生育が遅いので雑草に負けやすく、軽くて、たくさんとっても重さが出ないので収穫にも時間がかかる。

オカノリ

アオイ科で、フキのような葉っぱを摘み取る。おひたしにするとぬめりが出る。味はクセがなく、病虫害も少なく栽培は容易。翌年からはこぼれダネからも発芽して、勝手に雑草化する強健な植物。最初のうちは葉がでかくてそこそこ収量があがるが、だんだん葉が小さくなってくるので、意外と収穫期間が短い。

フダンソウ

アカザ科の植物で、同じくアカザ科のホウレンソウに姿が似る。ただ、夏でも抽苔せず、暑さにも比較的強いので、栽培は簡単。味は冬の菜っ葉に食感が似るが、泥臭さがあるのが難点。

ツルムラサキ

ツルムラサキ科のつる性植物。生育は旺盛で収穫量はきわめて多い。つる性のため、地這い栽培もできるが、ネット栽培のほうが収穫がラク。ただ、これも泥臭さがあって、私のお客さんにはあまり評判がよくなかったので、現在はつくっていない。売れるならきわめて割に合う野菜。

モロヘイヤ

シナノキ科の草本だが、ほとんど木のように育つ。味にクセがないので、嫌いな人が少なく、夏の菜っ葉としては最右翼。栽培も容易で、初期は収量もあがる。

クウシンサイ（空芯菜）

ヒルガオ科のつる性植物（写真4－12）。非常に強健で、乾燥にも湿害にも強い。生育も猛烈に旺盛で、一株でこれほど広がる植物は他にないだろう。初期収量を気にしないのなら、五m角に一本でもいいぐらい。味もクセがなく炒めると食感もいい。病虫害も少なくて収量はきわめて多い。ただ、

写真4－12　味にクセがなく、炒めると食感がいいクウシンサイ

写真4－13　夏の葉菜の植え付け。左がクウシンサイ、中2列がモロヘイヤ、右がオクラ

炒め物や和え物以外の調理法が少ないのが欠点で、年配の方には喜ばれないかも。

キンジソウ（金時草）

キク科の草本で、葉が赤いのでこの名がある。石川県など日本海側で多くつくられる。ふつうタネはつけないので、挿し芽で殖やす。病虫害はアブラムシぐらいで、味もいい。ただ、生育が遅いのが問題で、春の挿し芽が遅いと全然収量があがらない。

青ジソ

シソ科の植物で、菜っ葉というより薬味だが、誰にでも好かれるので、つくっておいて損はない。穂ジソとしても使える。市販のように一枚ずつとるのではなく、摘み取りシュンギクのように枝先を摘み取ったほうが収穫がラクで、鮮度も下がりにくい。

写真4－14　ともに強健で旺盛に育つクウシンサイ（左）とモロヘイヤ（右）

これらの菜っ葉の中で私が毎年つくっているのは、モロヘイヤとクウシンサイ（写真4―13、写真4―14）、青ジソで、どれも味にクセがなく青ジソ以外は収穫量もあがるものだ。以下、この三種に関して栽培要点を紹介する。

モロヘイヤ

手で折れるところより上で収穫

現在売られている品種はどれも在来で似たりよったり。だから一〇〇円ショップのタネでも十分。大株になる野菜だから、タネも少しあれば十分。タネが余れば翌年も発芽する。

タネは三月末～四月初め頃、タネ箱にすじ播きにし、本葉一～二枚で小さなポリポットに鉢上げして、小さな苗のうちに定植する。老化苗にすると花が咲いてくる。花が咲いた苗でも、摘み取り続ければつぼみをつけなくなるが、小さいうちに植えたほうが手間いらずで生育もスムーズ。ウネ間は一五〇cm、株間は八〇cm以上は必要。密植すると太いのがとれない。

元肥はモミガラ堆肥とカキガラ石灰に、魚粉をやや多めに一a当たり三〇kg入れる。必ず黒マルチを張る。生長し始めたら、早めに収穫を始めるとわき芽が伸びて株が張る。収穫が始まる頃、ウネ間に米ヌカを一a当たり三〇kg振って、ロータリをかけ、ウネ間に防草シートを敷く。あとはひたすら収穫するのみ。

病虫害は少ないが、タンソ病などの被害にあうこともあるので、確実に収穫したかったら離れた二枚の畑に分けてつくったほうが無難。

収穫は手で折って折れるところより上でなくては固くて食えない。市場出荷では長さが決まっているそうだが、固くて食えない部分までつけてカネを取るのは忍びない。直売では短くてもいいから食えるところだけを売ろう。

クウシンサイ　ウネ幅は最低三m

いたって強健なクウシンサイはタネの寿命も長く、買って三年後でも半分くらい発芽する。

七・五cmポットに二粒播き。五cmぐらいに伸びたら定植。黒マルチを張っても無マルチでもどちらでもいい。元肥もあってもなくてもよく、私はモミガラ堆肥と魚粉少々をやる。

ウネ幅は相当広くとる。株張りが猛烈にいいので、最低三m、できれば五mほしい。初期収量さえ気にしなければ株間も相当広くてもいいが、せめて梅雨明けからはバンバン収穫したいので、株間一mぐらいが適当だろう。

植えたら、ウネ間に米ヌカをドドンと一a当たり一〇〇kg以上振ってすき込む。長期にわたって摘み取り収穫するので、ケチらず振らないと新芽が伸びない。

米ヌカをすき込んだらウネ間に防草シートを敷く。ワラマルチでもいいが、間から草が生えるし、よほど厚く敷かないと泥ハネで汚くなる。

大事なのは欲張ってつくりすぎないこと。どんどん摘み取らないとつぼみがついてくる。つぼみがついても食えるが、見た目が悪い。マジメに収穫すると他のどの菜っ葉よりも収量は多い。

青ジソ　ウネ間に大量の米ヌカ追肥

菜っ葉というより薬味だが、どこの

家庭でもたいてい使う野菜だし、栽培も容易なので触れておく。

まず発芽で失敗しやすい。典型的な好光性種子なので、土をかけるとまったく発芽しない。低温でも発芽するので、ハウスでは三月になれば播ける。代表的な短日植物なので、早く播くほど収穫期は長いが、遅く播くほうが少しは遅くまで収穫できる。

苗箱に溝をつけてすじ播きにし、土をかけずに空の苗箱を逆さまにしてのせる。苗箱の穴から漏れる光で十分に発芽し、なおかつ土の表面も乾燥しない。

本葉二枚ぐらいになったら七・五cmポットに鉢上げ。大苗にする必要はないので小さなポットで十分だ。

元肥は多くても少なくてもよく、魚粉とモミガラ堆肥を少々やる。

定植はウネ間一五〇cm以上、株間も八〇cmはほしい。春早くに植える場合は黒マルチ必須。摘み取り野菜の常で、追肥は大量に必要。米ヌカをウネ間一mに一kg以上か、魚粉をウネ間一mに二〇〇g以上すき込む。それでも樹が大きくなると葉はだんだん小さくなるから、常に大きな葉を売りたい場合は何度も播いて、小さな樹のうちに摘み取らなくてはいけない。

第5章

根茎菜類のつくり方

ジャガイモ（ナス科）

短期戦でつくりやすい入門者向け野菜

いかに手頃な大きさにそろえるか

ジャガイモは誰でもつくれる入門者向けの野菜で、生育期間は短いし、雑草害にも強くて、有機栽培でも収穫は容易だ。

ただ、販売用につくるとなるとちょうどいい大きさにそろえなくてはならず、形のいいM級を中心にとろうとすると意外と難しい。また、貯蔵中の腐敗も問題となる。

品種の選び方と品種に合わせた栽培のコツがある。

芽の多い品種、少ない品種に着目

日本人の多くは粉質のジャガイモが好みである。ただ、これは世界的に見れば少数派らしく、聞いた話によると日本以外ではアイルランドぐらいしか粉質のジャガイモを好まないとか。飢餓民族の特性かもしれない。ただ、料理用には昔からメークインという粘質のイモもメジャーだから、粘質のイモも好まれているはずだが、販売してみるとやはり煮崩れしやすい粉質のキタアカリが圧倒的な人気である。

このキタアカリ、栽培当初、他のイモと同じようにつくったところ、小さなクズイモばかり大量にとれた。他の品種よりも芽の数が立ちやすく、茎一本当たりのイモ数も多いのが原因だった。

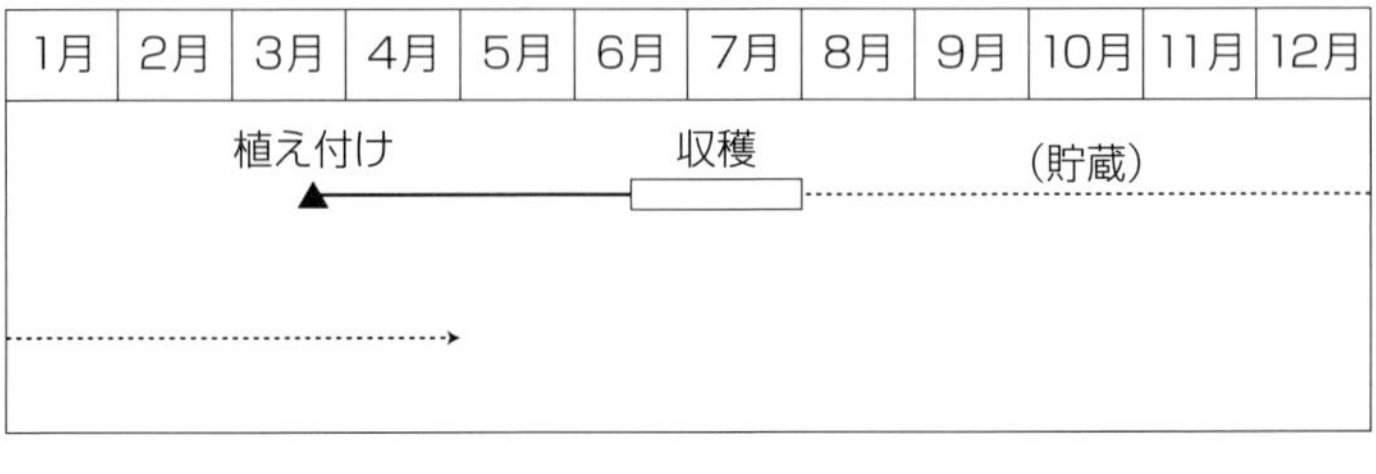

これがワセシロやシンシアなどの品

1月	2月	3月	4月	5月	6月	7月	8月	9月	10月	11月	12月
		植え付け			収穫			（貯蔵）			

図5－1　ジャガイモの栽培暦

種となると、種イモにキタアカリと同数の芽がつくように切って植えても、茎立ちは少なく、イモ数もキタアカリの数分の一しかつかない。ふつうにつくったら巨大イモが少数だけとれるといった結果になる。

同じジャガイモでもずいぶん性質が違うので、私は芽立ちが多くて小さなイモになりやすいキタアカリなどを「個数型」のジャガイモと呼び、芽立ちが少なく大きなイモになりやすいワセシロなどを「個重型」と呼んで、栽培方法を微妙に変えている。

種イモの選び方

植え付け時期にもよるが、種イモの購入は厳冬期が過ぎてからのほうがいい。厳冬期以前に種イモを購入すると、保管中に凍みて発芽能力がなくなる場合がある。個数型のイモはなるべく大きなL級以上の大イモを買い、個重型はMやS級の小さな種イモを選ぶ。理由はあとで述べる。

種イモは植え付け二週間ほど前から浴光催芽を行なう。言葉は難しいが、要するに光を当てて丈夫な太い芽を出させるということであり、同時に発芽能力があることを確認するということでもある。

種イモは頂芽部、つまり芽が集まっている場所を上にしてイネの苗箱に隙間なく並べる。これを日の当たるところ（パイプハウスの中など）に並べるのだが、ネズミ害の心配のあるところでは、サンサンネットなどでくるんでおくとネズミに食われない。私のところでは植え付けは春の彼岸頃であるが、ハウスの中でもまだ氷点下になる時期なので、寒い夜には上に保温シートなどをかけて凍結を防ぐ。

コヤシは速効性の魚粉

ジャガイモを植え付ける畑は水はけのいいことが必須条件である。できれば肥えすぎの畑は避けたほうがいい。地上部がいつまでも伸びて、形の悪いイモができやすく、味も悪くなる。コヤシも長効きする肥料は避け、速効性肥料である魚粉を肥え具合に応じて一a当たり五〜一五kg振ってすき込んでおく。

種イモの切り方と植え方

種イモは乾くと発芽勢が落ちるので、必ず植え付けの直前に切ること。ここからが「個数型」と「個重型」の違いである。

個数型はイモの芽が二個ぐらいあれば十分。芽の数さえあれば何個に切ってもいいが、ある程度貯蔵養分があったほうが発芽勢が確保できるので、大きな種イモが必要なわけだ（写真5―1、図5―2）。ちなみにキタアカリなど、芽を二つにそろえたつもりでも三～四本の芽が出てきたりする。

逆に個重型は芽が多くてもいいから頂芽部からストロン（ジャガイモのへそ）にかけて二つ割りにする。芽はたくさんあるはずなのに、どういうわけか芽が一～三本しか出てこないから不思議だ。二つにしか切らないので、大きなイモを買っていたらいくらも植えられない。だから小さなイモを選ぶ。

栽植密度も異なる（図5―3）。キタアカリのような個数型品種は疎植にする。私の場合ウネ間一〇五cm、株間四〇cm。個重型の品種はイモが大きくなりやすいので、ウネ間は同じだが株間は二〇～二五cmの密植とする。

どちらの場合もべたウネに並べていき、種イモの上にモミガラ堆肥をかけてから、両側から土を上げて高ウネにする。モミガラ堆肥は速効性の肥料で、根まわりの環境も整えつつ、土を上げたときに石が芽を傷めないためでもある。

植え付けが終わったら、雨が降った後にマルチをかける。マルチはウネ間よりも広い一三五cm幅のマルチだ。新品の必要はなく、私はサツマイモに使ったマルチや、前年にジャガイモに使ったマルチを再利用することが多い。このとき傷みの激しいマルチは、初期生育が早い、すなわち雑草害に強いワセシロに使っている。

写真5－1　ワセシロなどは小さい種イモ（上）を選んで2つ切り、キタアカリなどは大きな種イモ（下）を選んで多数に切ると、少ない種イモでそろったイモがとれる

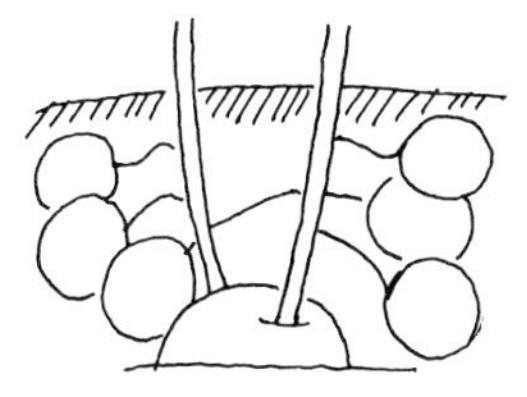

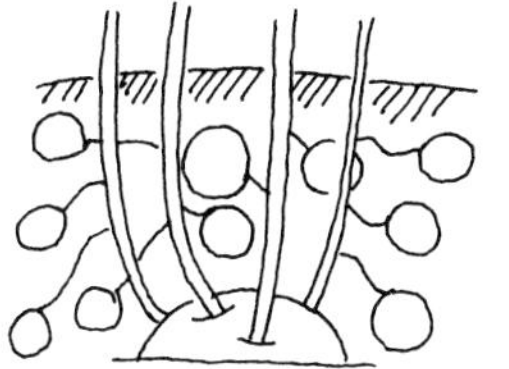

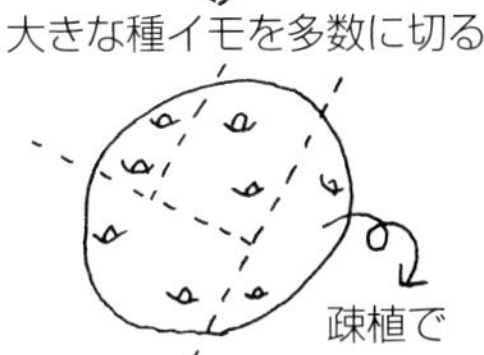

＊十勝こがね、メークイン、男爵は中間タイプ

図5−2　ジャガイモの種イモの切り方

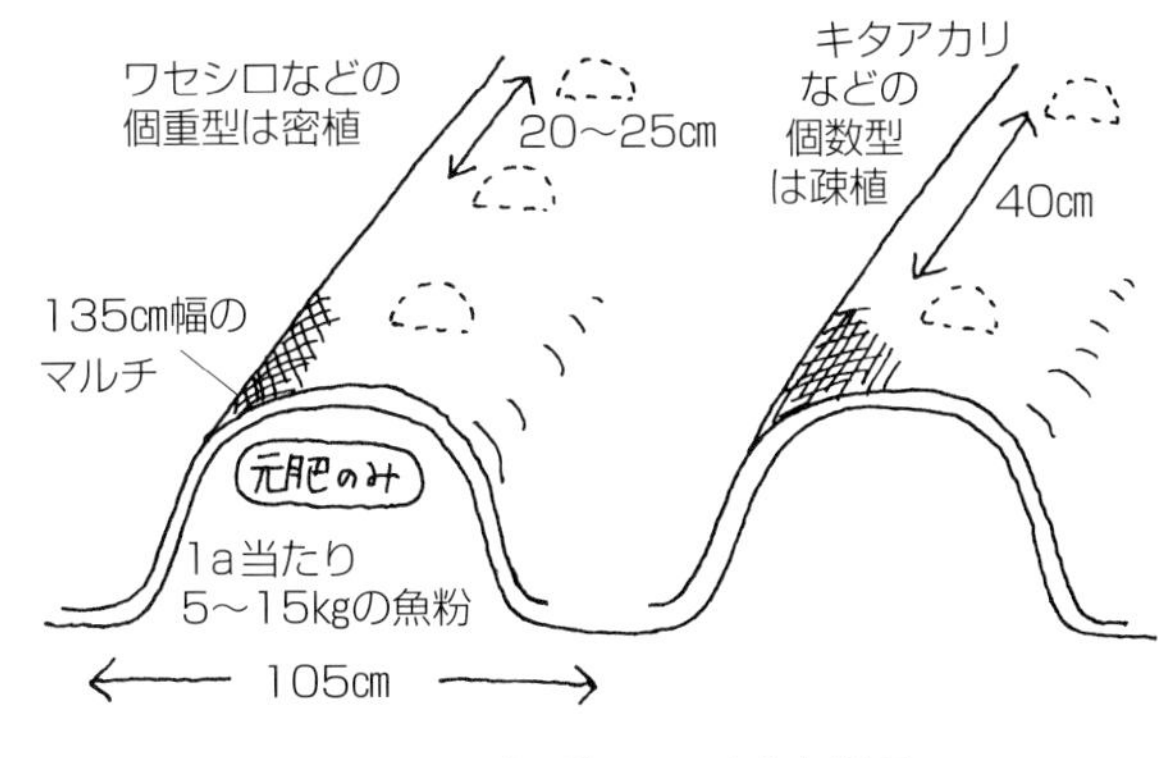

図5−3　ジャガイモのウネと施肥

雑草対策は全面マルチで

発芽が始まったら三日に一度くらい見まわりして、芽で盛り上がったところを指でマルチに穴をあけてまわる。芽が出そろうまで何度かまわらないといけないので、これがいちばん面倒な作業かもしれない。種イモの切り方で芽の数を調整しているので、芽かき作業は不要だ。

地上部がある程度大きくなって、マルチが風で飛ばされる心配がなくなったらマルチのすそを剥がして全面マルチとする。隣とのすそを重ね合わせてマルチ押さえで留めて草を覆い隠す。これで雑草対策はすべて完了。雑草の根でマルチのすそが傷まないので、翌年度も使える。

収穫は地上部が枯れ始めたら

地上部が枯れ始めたら収穫ができる。完全に枯れるまで置いたほうが収量・味ともに優れるが、私のところでは梅雨明け前後に重なるので、さっさとマルチを剥がさないとイモがゆで上がってしまう。こうした状況では、すぐに掘り取れないときでもマルチを剥がす。表面に出ているイモもあるので、そうしたイモだけはさっさと拾う。日に当たり続けると緑化してまったく商品価値がなくなるからだ。雨が降ったあとはまた新たにジャガイモが顔を出すので、雨のたびにイモ拾いをしなくてはならないから、さっさと掘ったほうがラクである。

収穫は専用の掘り取り機でやれば世話ないが、私は持っていないので耕耘機に「松山すき（ニプロ）」をつけて掘り起こしている。すべてのイモが表に出てくるわけではないが、再び埋まったイモも手や足だけで簡単に掘り起こすことができる。

収穫したイモはコンテナに入れて日の当たらないところに数日置いておく。腐るイモはこの間にほとんど腐るから、そのあと本貯蔵すればいい。

貯蔵に向くベニアカリ

温度・湿度の管理された蔵ならコンテナ貯蔵で十分かもしれないが、そうでないところでは段ボール貯蔵がもっとも質が落ちない。

リンゴで発芽抑制されるとかされないとかいわれるが、私は試してみたことがない。何より遅い時期まで売ろうとしたら休眠の長い品種を使うのがいちばんだろう。ベニアカリや十勝こがね、男爵が休眠の長い代表品種だが、十勝こがねは貯蔵中に皮が汚くなりやすいし、男爵は水っぽくなって味の劣化が激しい。私はここのところ、肉色は真っ白だがキタアカリの食感に似ているベニアカリを貯蔵用につくっている。

品種に関しては、次から次へと新しいものが出てくるから、いろいろ試してお気に入りの品種を探すといい。

サツマイモ（ヒルガオ科）

もっとも割のいい野菜

コヤシ不要、必要なのは黒マルチ

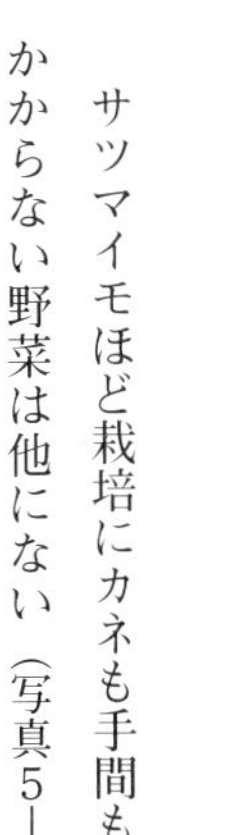

写真5−2　サツマイモは黒マルチしかいらない割のいい野菜

サツマイモほど栽培にカネも手間もかからない野菜は他にない（写真5―2）。販売用に自家貯蔵したイモを種イモにするからタネ代無料。コヤシもいらないから肥料代無料。いるのは黒マルチだけ。収穫にもさほど時間をとられないし、貯蔵して好きなときに売れるのもありがたい。本当に直売生産者思いの野菜である。

種イモは温湯消毒

サツマイモ栽培で面倒なのは苗の用意だけである。もちろん有機栽培の苗は自分でつくる。種イモは前年に自分で栽培し貯蔵したものがもっとも発芽がいいが、なければふつうの店に販売しているものでも使える。最近はいろんな品種が売られているから、自分の好みのものを栽培すればいい。私は四月の初めに伏せ込むと決めている。

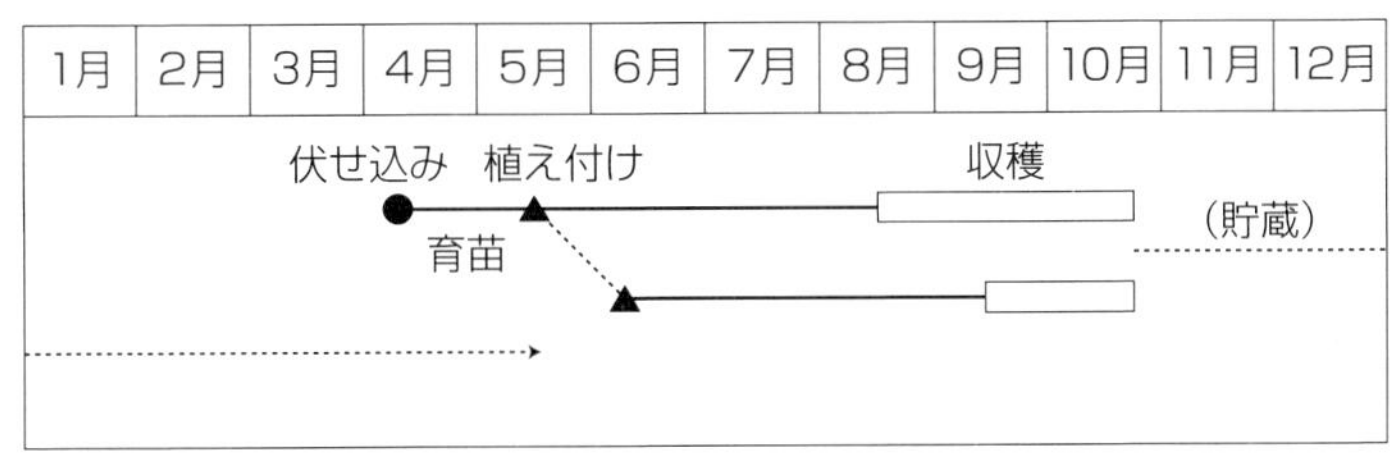

図5−4　サツマイモの栽培暦

種イモはそのままでも使えないこと

はないが、コクハン病予防のために温湯消毒を行なう。四七～四八度のお湯に四〇分ほど浸けて、内部までこの温度にして病原菌を死滅させる。

実際のやり方としては、まず種イモを種モミ用の網袋に入れておく（図5―5）。風呂は四七～四八度に沸かしておき、まず漬物樽などで四〇度ほどのお湯に五分ほど浸けてから、風呂に入れる。こうすれば、急激に風呂の温度が下がらないので、温度管理がしやすい。ちなみに、温度測定は外部センサーのついたデジタル式のものを使うと便利だ。温湯消毒中は網袋をこまめに揺らしてイモの内部まで均一に熱が通るように心がける。温度が下がったら追い炊きするか、熱湯を加える。温度が上がりすぎるとゆで上がって発芽しなくなるので、温度の上がりすぎには特に注意しなくてはいけない。

温湯消毒が終わったら、二〇～三〇度の水に浸け、温度を下げたら伏せ込み準備完了である。

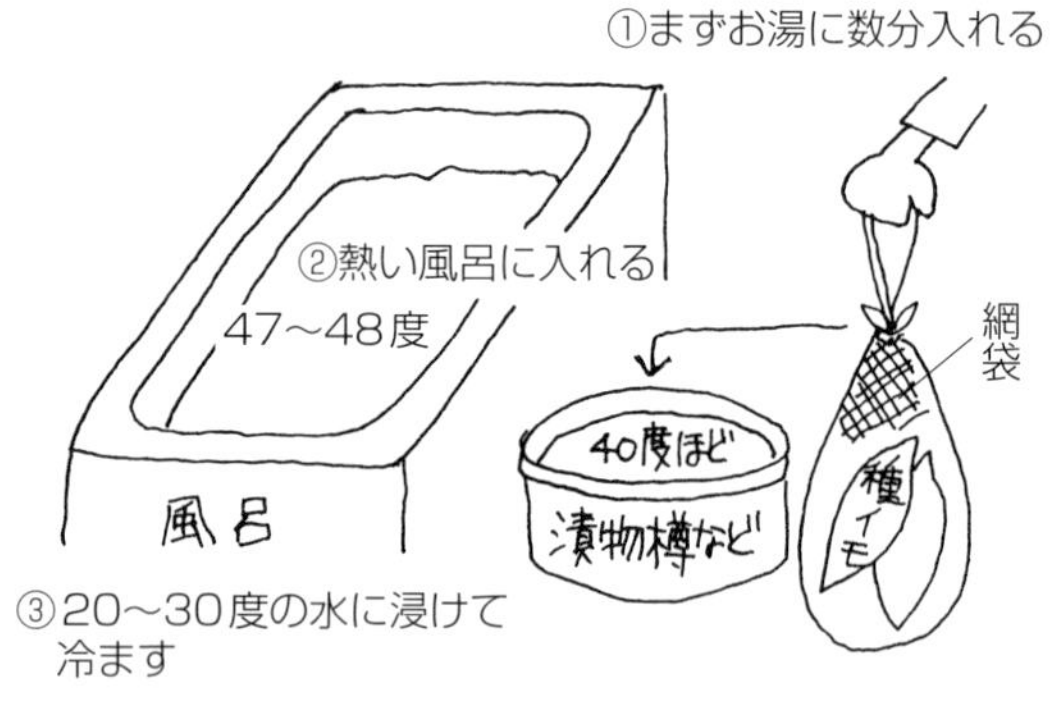

図5－5　種イモの温湯消毒

発酵熱を利用した踏み込み温床

話の順序が逆だが、種イモ伏せ込みの二～三日前に温床の準備をしておく。現在では電熱温床がふつうだが、有機栽培ならこだわって昔ながらの踏み込み温床でいきたい。

踏み込み温床は堆肥の発酵と原理的には同じだが、あまり高温になりすぎないよう通気性を悪くしたものだ。発酵が一気に進まないぶん、発熱期間も

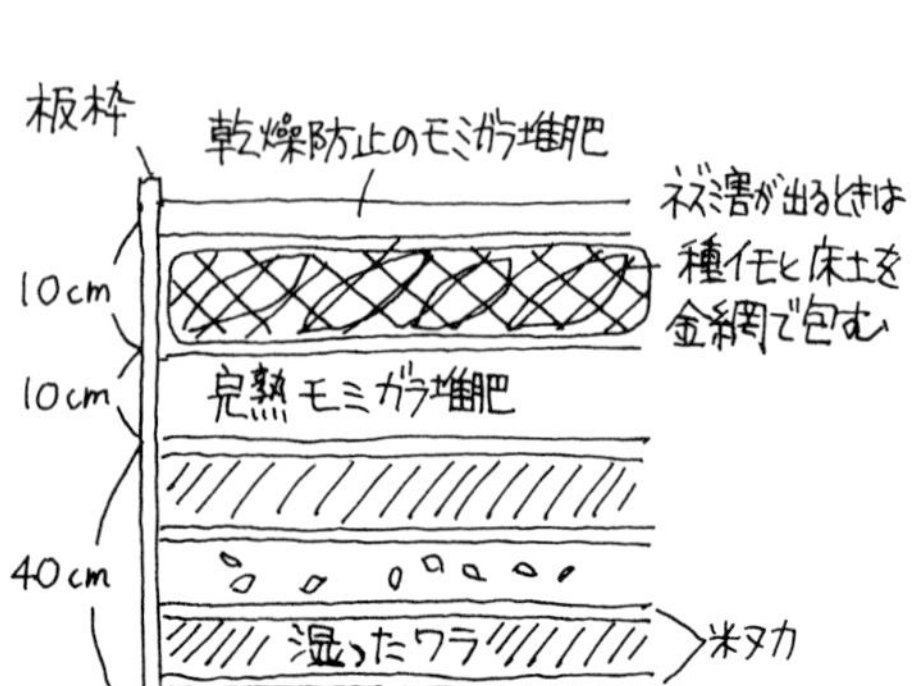

図5－6　サツマイモの温床

長くなる。教科書的には、落ち葉などを使うことが書かれているが、集めるのは大変なので、百姓なら誰でも簡単に手に入るワラとモミガラと米ヌカだけで積む（図5—6）。

米ヌカを振ったあとに水をかけると、米ヌカが水に流されて不均一になるので、米ヌカを振る前に水をかけるようにする。水をかけながらワラやモミガラを足で踏み込んでいく。これにより、材料が水を吸い、通気性も悪くなる。これが「踏み込み温床」の名前の由来である。

温床の上に伏せ込む

温床の温度が上がってきてから種イモを伏せ込む。温床の上に完熟モミガラ堆肥を置き、その上に土をのせて種イモを伏せ込む。私のところでは野ネズミに種イモをかじられたりするので、金網の中に種イモを入れている。芽は網の目から萌芽するから問題ない。ただ、金網まで食い破られることもあるが。

伏せ込んだあとは萌芽まで水かけぐらいしかやることはない。萌芽までしばらくかかるから、温床代わりに移植したナスやトマトの苗を上にのせておいてもいいが、サツマイモの萌芽が始まったらさっさとどける。

暖かい日に短苗を直立挿し

定植は前年サツマイモ以外のものをつくった畑に行なう。前年もサツマイモだとさすがにコヤシが足りなくなる可能性があるし、基本的に連作は避けたい。土質は砂質がおすすめ。きれいなイモがとれる。

前作に何かつくっていれば、肥料は何もいらない。いるのは水分だけだから、雨のあとにウネ立て・マルチがけしたほうがいい。私の場合、一〇五cm幅のウネに一三五cm幅のマルチを使う（図5—7）。こんな幅広のマルチを使うのは、あとから全面マルチにするためである。サツマイモは地温が低いほ

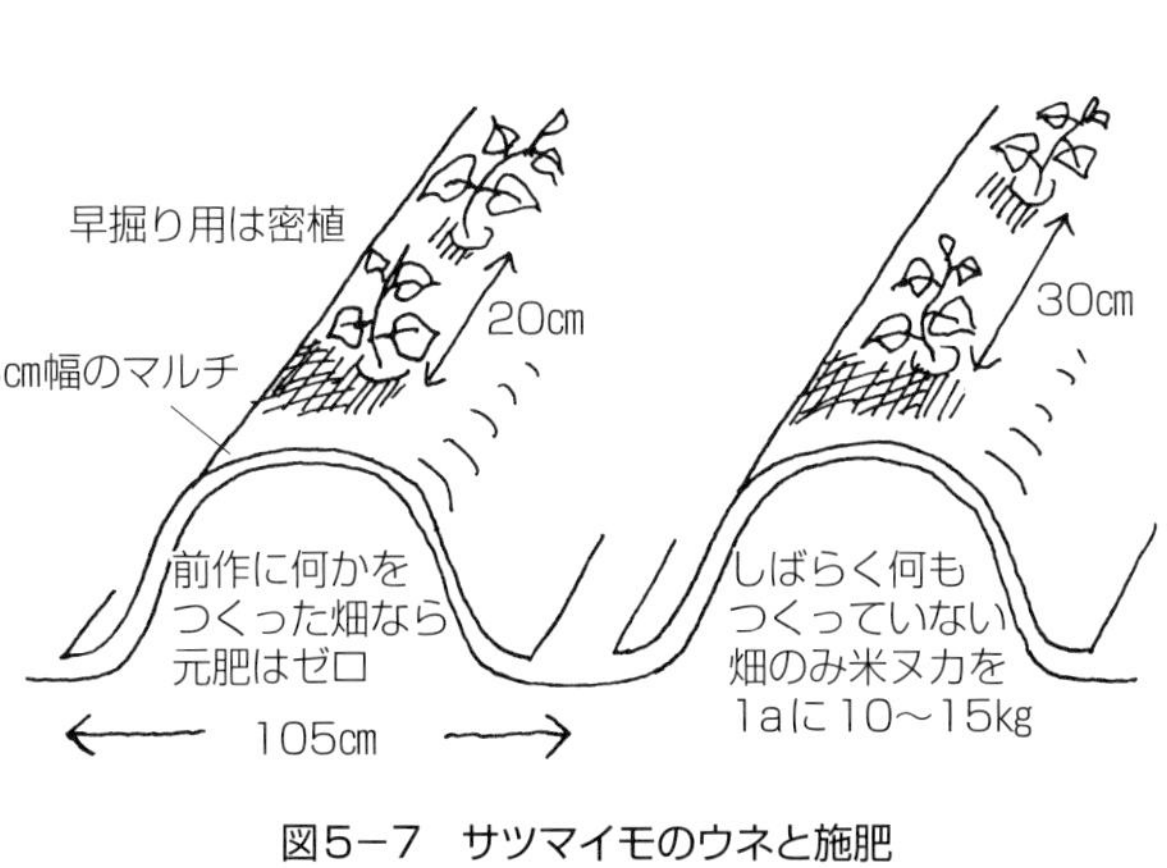

図5−7　サツマイモのウネと施肥

どイモ数が少なくなるので、早掘り用は株間二〇cmの密植とする。普通栽培では三〇cm。

定植は暖かく風のない日に行なう。雨の前に植える人が多いが、雨が三日も続くのならいざ知らず、雨のときは気温が下がるし、太平洋側など雨のあと急激に晴れてフェーンの熱風が吹いたりするから、あまりおすすめできない。それなら晴天続きのときのほうが地温が高いので、よほど早く活着する。ただし、植え付け直後に株元にモミガラを置かないと、マルチに密着した葉が焼けて枯れるし、最初の二日ぐらいは日に何度か水をかけたほうがいい（写真5―3）。

採苗は太いものから切っていく。直立挿しなので、あまり長いものはいらない。短い苗ほどそろったイモがつくが、枯れる可能性も大きい。採苗したらなるだけ早く植え付ける。私は所定の間隔に五寸釘を刺した垂木を用意しておいて、それで植え付け穴の目印をつけ、べたがけの固定ぐしかL字型に折れたもので植え穴をあけている。

定植後、株元にモミガラを置き、ジョウロで水をかける。天候にもよるが、定植後二日ほど、日中二回も水をかければだいたい活着する。

写真5−3　葉が黒マルチに直接触れると枯れるため、植えたらすぐにモミガラを敷く

全面マルチで草引きも虫害もなし

ひと月あまりでつるが伸び、ウネ間も草が生えてくるから、マルチのすそを剥がして全面マルチにする（写真5―4）。

隣のマルチとの重なり部分はマルチ押さえで留める。あとは収穫までやる

写真5−4　全面マルチにすれば雑草が生えず、コガネムシも卵を産まない

ことなし。草引きも必要ないし、全面マルチでコガネムシも卵を産めないから被害もほとんどなくなる。

イノシシの出るところでは、サツマイモは大好物だからしっかり電気柵を張らないといけないが、できればイノシシの出没するところにはつくらないのがいちばんだ。

収穫後の熟成で味がのる

ジャガイモは未熟だと水っぽいが、サツマイモは小さくとも味は一人前である。割に合う大きさになったら売り始める。収穫後しばらく置いたほうが味がのる場合が多いが、面倒なので、できれば購入者に熟成してもらう。冬に貯蔵ものを売る場合にはすでに熟成できているから問題ない。

モミガラ貯蔵で五月までもつ

サツマイモは熱帯原産の野菜なので、耐寒性は弱い。貯蔵には一〇度以上が必要だ。専用の貯蔵穴があればいいが、専業でない限りなかなか用意できないので、モミガラで貯蔵する。

丈夫なプラスチックケースを用意し（私はＲＶボックスという車載用の箱を使う）、隙間に乾燥したモミガラがぎっしり充填されるようにサツマイモを詰める。湿ったモミガラでは根が伸びやすく肌も汚れやすい。これを地面に並べて（二段までなら重ねてもいい）、モミガラの山で完全に埋めるようにする。私のところでは、モミガラが箱の上二〇cmもあれば腐らないが、寒地では五〇cm以上のせたほうがいいかもしれない。

モミガラ山は雨ざらしで結構。微弱な発酵熱でサツマイモに適した温度を保ち続ける。初期にはサツマイモの呼吸熱で勝手にキュアリングしてくれる（傷口を治してくれる）ようだ。

貯蔵したサツマイモは冬の暖かい日や春の端境期にモミガラ山から掘り起こして売る。五月までならラクラク貯蔵できる。売るものが少ないときに活躍するのが貯蔵もののサツマイモである。

サトイモ（サトイモ科）

多収がもっとも簡単なイモ

生育期間中にいかに大柄にするか

近所の農家を見ていると、サトイモはジャガイモやサツマイモほど収穫が多くないように見える。しかし、ジャガイモやサツマイモは飛躍的な増収は難しいが、サトイモの増収は至極簡単だ。収量倍増ぐらいならどの農家もできると思っていい。

サトイモの収量をあげるのには、生育期間中に目いっぱい大柄のサトイモ（写真5—5）に仕立てるしかない。そのためには育苗して早植え、疎植、多肥、かん水が重要だ。さらに、土寄せの手間を減らし、イモの太る空間を広げるために深植えにする。これで天候さえよければ東北南部でも一株一貫目（約四kg）がねらえる。育苗は面倒だが、寒い地方ほど増収効果が大きいので、関東以北の方はぜひ試してみてほしい。

写真5－5　旺盛に育ったサトイモ

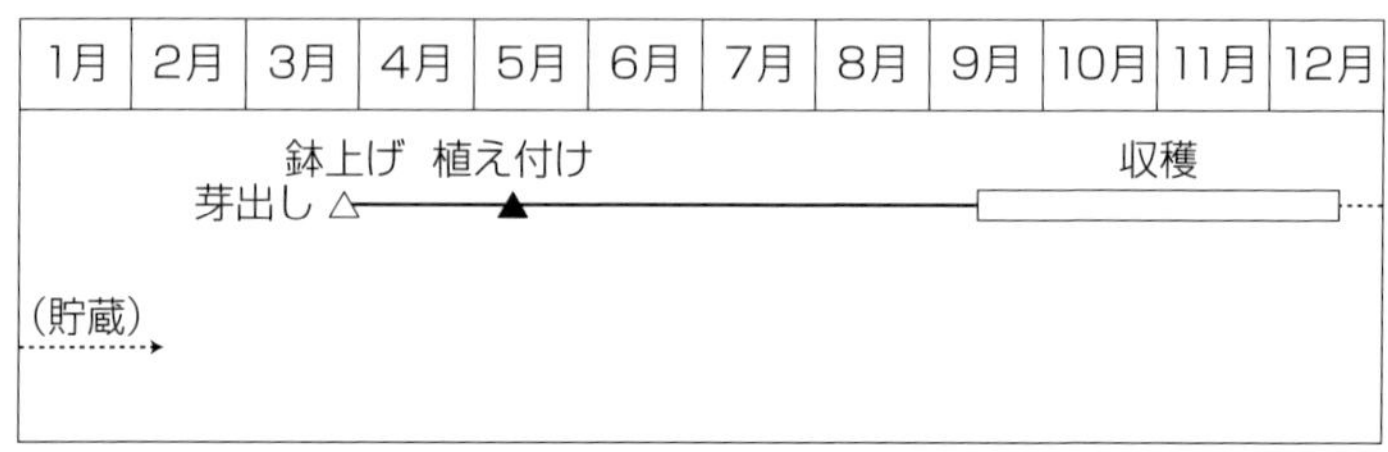

図5－8　サトイモの栽培暦

ウネ幅は一二〇cm以上ほしい

まず、疎植。見ているとウネ幅を

ジャガイモ並みの七〇～八〇cm程度にしているところがほとんど。これでは、サトイモには必須の土寄せさえおぼつかない。サトイモやショウガでは、地下茎が日に当たるとほとんど肥大しない。

ただしサトイモの地上部分は日当たりがきわめて重要だ。サトイモは乾燥が苦手なので、半日陰を好む植物のように思っている人もいるが大間違い。端っこの日当たりのいいウネほどイモが肥大するのを見れば、日当たりの重要性がわかる。

だからサトイモでは最低でもウネ幅一m、できれば一二〇cm以上ほしい。ウネ幅が広いとウネ間に草が繁茂しそうだが、サトイモを大きく育てれば、ウネ間は日陰になって、草引きも敷きワラもしなくても、ウネ間はきれいなもんだ。

コヤシと水をたっぷりと

次にコヤシである。他の野菜は施肥に適量というものがあって、少ないと収量が落ち、多いと病気の原因となったり味や質の低下につながる。また、多すぎても少なすぎても病虫害の抵抗力を下げる。ところが、サトイモの場合は相当のコヤシをやっても、まるで味に影響しない。私はほとんどの肥料分を生の米ヌカという形でやるが、チッソ成分で五〇kg（米ヌカで一a当たり二五〇kg）という有機栽培としてはとんでもない量をやっても、サトイモはまったく動じない。逆にそれぐらい多肥じゃないとサトイモの多収はムリかもしれない。

水もきわめて重要だ。サトイモほど乾燥で収量の落ちる野菜は他にない。あるとしたら着果不良で莢の太らない晩生のエダマメぐらいだろうか。サトイモは水かけのできない畑ではつくらないほうがいいと断言できる。「サトイモはウネ間にドジョウを飼え」と古来からいわれているらしいが、日当たりがよく、水かけをバカスカできる水はけのいい畑というのがサトイモの理想の畑である。

草丈一五～二〇cmの苗に

種イモの品種は地域の好みに合わせる。いわきなら「土垂」や「唐芋」（赤柄）が好まれる。まだ一般的とはいえないが、「改良石川早生」もでっかい丸いイモが見栄えがするし、調製もラクだ。

前年に埋けてあった種イモは三月十日頃掘り起こし、プラスチックのケースに湿ったくん炭か湿ったモミガラとともに並べて、モミガラの山の上

写真5―6　種イモは底に排水穴をあけた衣装ケースの中に湿ったモミガラを入れ、モミガラの山の中にケースごと埋めて芽出しをする

写真5―7　定植直前のサトイモ苗。なるべく大きな苗を植える

に埋め込んで芽出しする（写真5―6）。

一〇日から半月で芽が一cm前後に伸びてくるので、直径一〇・五～一二cmのポリポットに鉢上げし、ハウスの中に並べる。芽が白いうちは黒ラブシート（不織布）で直射光を避け、イネ用の保温シートかべたがけシートのトンネルをかけて生育を促す。霜の心配がほぼなくなった頃（当地では五月の連休明け）、定植できる大きさ（草丈一五～二〇cm）になっているのが理想である（写真5―7）。定植三日前ぐらいから外気に慣らしておくと活着がいい。

植え溝にモミガラ堆肥と魚粉

前述のように、日当たりがよく、水がかけられ、かつ水はけのいい畑を選ぶ。水はけの悪い畑でもできないことはないが、追肥や土寄せ作業を適期にできない場合があるし、深植えすると植え溝に水がたまって土が温まらず生育が遅れる。

私の場合、ウネ幅は一二五cm、株間六〇cm（図5―9）。鍬で深めに溝を切り、そこにモミガラ堆肥と魚粉を振り、さらに六〇cmおきにスコップで穴を掘り、そこに苗を植えていく（写真5―8、写真5―9）。

翌日が雨の予報でないときは、定植後ウネ間にたっぷりかん水する。できれば定植後に不織布のべたがけをかけてやると生育が進む。私の畑ではカラスに苗を突かれることがあって、それでべたがけをかけることもある。

ウネ間に米ヌカで追肥と抑草

活着した頃にウネ間に米ヌカを振って中耕しておく。この米ヌカは追肥と抑草の役割がある。ロータリをかけて植え溝にこぼれない程度なら景気よく振って結構。ウネ間一m当たり二kgぐらいほしい。三週間ぐらいして米ヌカの姿がわからなくなったら軽く土寄せして植え溝を埋める。その後すぐに再び米ヌカを同じぐらい振ってロータリ。この米ヌカが分解したら本格的に土寄せを開始する。

土寄せは二〜三回行なうが、梅雨明け前に最終土寄せを終わらせる。あとは乾燥時にウネ間にかん水するだけ。私は用水からサイフォンの原理を使って水をかけている。ウネ間に少々草が生えてもサトイモが巨大化すると日陰になって消える。

害虫はアブラムシとハスモンヨトウと黒いアゲハの幼虫（?）がつく。ア

写真5−8　定植後の乾燥は生育を著しく遅らせるので、しっかり水をかけてから定植

写真5−9　植え穴を深く掘って苗を植える。地上部は埋めずに根鉢だけ埋める

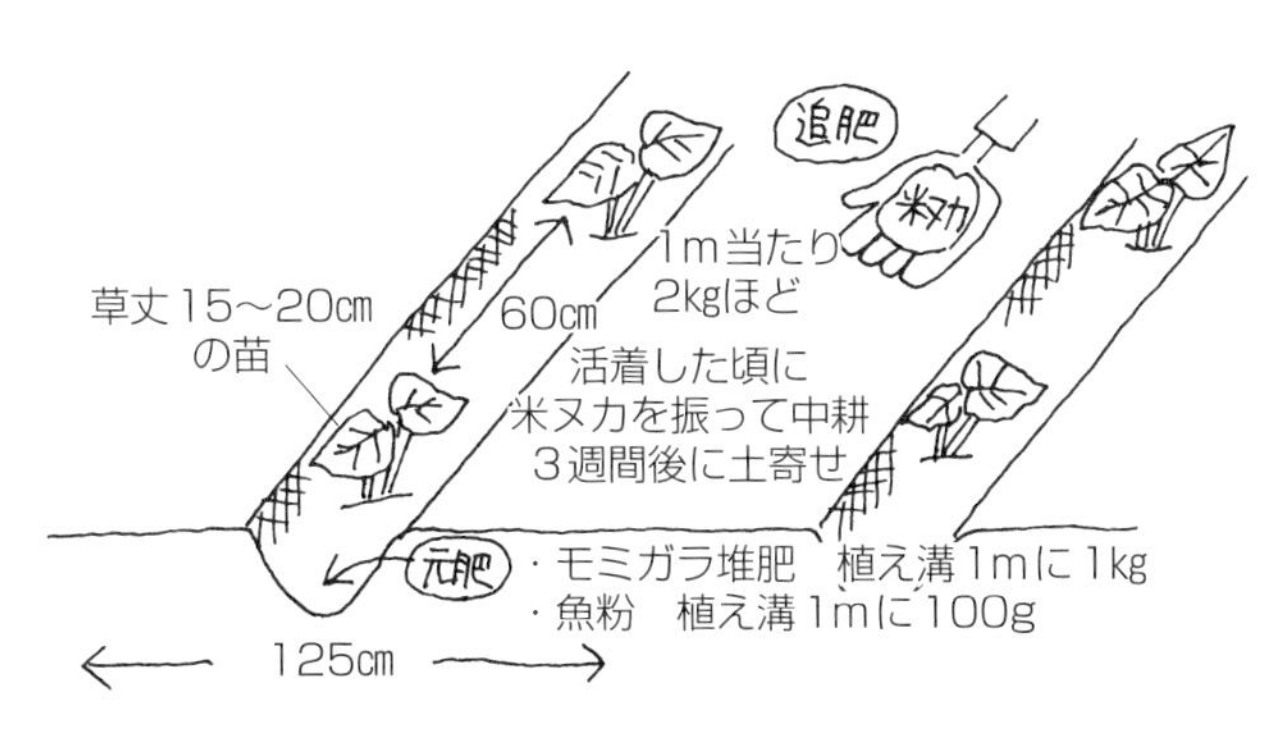

図5−9　サトイモのウネと施肥

ブラムシはたいして問題にならない。ハスモンヨトウは見つけ次第つぶさないとサトイモだけでなく、近くの野菜も食い散らかす。ただ、田んぼの近くだとほとんどをカエルが捕食してくれているようだ。

七月中に背丈近くになっていれば順調。最終的に草丈は二m近くまで大きくなる。

収穫と売り方

天候がよければ九月の上旬には孫イモが太っている。孫イモが売れるようになった頃から販売できる。

子イモに関しては孫イモより火がとおりにくいので、本来一緒に売るべきではないと考えているが、私の場合なるだけ孫子をバラさず売るようにして、火のとおりにくい子イモから先にゆでるよう説明している。

ちなみに、子イモは寒くなるほど火がとおりやすくなる。これは気温の低下と共に呼吸作用が低下してデンプンを蓄積しやすくなるためだろう。氷点下になる頃には一緒に売っても問題ないかもしれない。

畑貯蔵で一月までもつ

サトイモはサツマイモよりはるかに寒さには強く、凍みさえしなければ凍害は受けにくい。種イモ用に埋けるのも、氷点下の最低気温が続くようになってからでよい。私は年末に埋けることも多いが、寒さで種イモがダメになったことはない。

販売用のイモは、地中三〇cm以下に埋ければ春まで大丈夫だが、大量に埋けるのは大仕事だ。このため私は、一月までに売るサトイモは掘らずにウネの上にモミガラを分厚くかけ、その上にマルチを張って保温している。ただ、この貯蔵法は一月いっぱいが限界。二月以降に売りたければ、やはり深い穴を掘るか、サツマイモのようにモミガラの中に貯蔵する（113ページ）しかなさそうだ。

ショウガ（ショウガ科）

寒さに弱い熱帯原産野菜

なるべく早く植え、初期生育を促すこと

熱帯原産のショウガ（写真5—10）は、寒地ではサトイモ同様、生育期間を延ばすことが収量増加につながる。とはいえ、ショウガまで苗をつくって植える気はしないので、芽出しした種ショウガをなるだけ早く植え、初期生育を促すことが重要だ。

ところが、主要な野菜の中でショウガほど地温が上がらないと生育が進まないものはない。むやみに早く芽出しをしても定植後なかなか芽が出てこない。私のところでは、どれだけ早く定植するとしても五月下旬が限界で、それも必ずマルチに植えなくてはならない。

多くの根菜類は地上部と収穫部分の大きさは比例しない。ただ、ショウガだけは地上の茎が太くて長いほどショウガのひとかけは大きく、茎数が多いほどショウガの肥大がよくなる。

写真5−10　ショウガはなるべく早く植えて初期生育を促すと収量増加になる

1月	2月	3月	4月	5月	6月	7月	8月	9月	10月	11月	12月
芽出し				植え付け ▲					収穫	(貯蔵)	

図5−10　ショウガの栽培暦

芽出し種ショウガをマルチ植え

種ショウガは植え付け時の大きさに

割って芽出しをかける。私のところでは四月の上旬頃だ。大きな塊のままで芽出しをかけても一株に一～二本の芽しか伸びないので、タネとして使えない。割った種ショウガは、湿ったくん炭か湿ったモミガラを入れたプラスチックケースに何段かに並べ、それをモミガラ山の上に埋ける（写真5―11）。たまにフタをあけて芽の伸び具合を確認する。サトイモに比べるとかなり芽の伸びが遅いが、伸びすぎるとマルチに植えられなくなって始末が悪い。

写真5―11　種ショウガは湿ったくん炭を入れて排水用の穴を底にあけたプラスチックケースに入れ、モミガラ山の中に埋けて芽出しする

モミガラ堆肥を振ってウネ立て

芽が一～二cm、根が二～三cmに伸びた頃が定植適期である。これ以上伸びると植えにくくなる。あまり伸びすぎたのは、無マルチで植えるしかないが、雑草対策が大変だし、生育も遅れる。

定植は一三五cm幅の黒マルチに二条植えとする（図5―11、写真5―12）。モミガラ堆肥を一a当たり一〇〇kg程度振ってロータリをかけてからウネ立てをする。元肥はこれだけ。ウネ幅は一六〇cmとなるから、後々マルチを剥いで土寄せをするときには八〇cmの条間となる。種ショウガの大きさにもよるが株間は二〇～三〇cm。

私の畑は石混じりの粘土が大半なので、植えるのがひと苦労である。ショウガの芽は鋭く尖っているが、見た目に反してマルチを突き破れず、マルチに当たると簡単に枯れてしまうので、ジャガイモのように植えてからマルチをかけるわけにもいかない。

マルチを剥がして追肥、土寄せ

六月になると芽が出てくるが、ショウガの芽は気まぐれで、植え穴から出てきてくれるとは限らない。マルチの下に出てきたときは、すぐに穴をあけてやらないと枯れるか弱るので、しばしば見まわらなくてはいけない。

一株二～三本の芽が伸びてきたところで、マルチを剥がして土寄せをする。マルチとマルチの間は草が生えているので、米ヌカを振って中耕だけ。マルチの中になっていた条間はきれいなので、魚粉を振って培土板で土寄せ。マ

ルチとマルチの間は、米ヌカが分解して草もなくなった頃に土寄せする。

イノシシの出ない畑は、土寄せ後敷きワラをすると雑草対策と乾燥防止になる。干ばつの年はかん水するが、基本的にほったらかし。乾燥にはサトイモよりは強い。

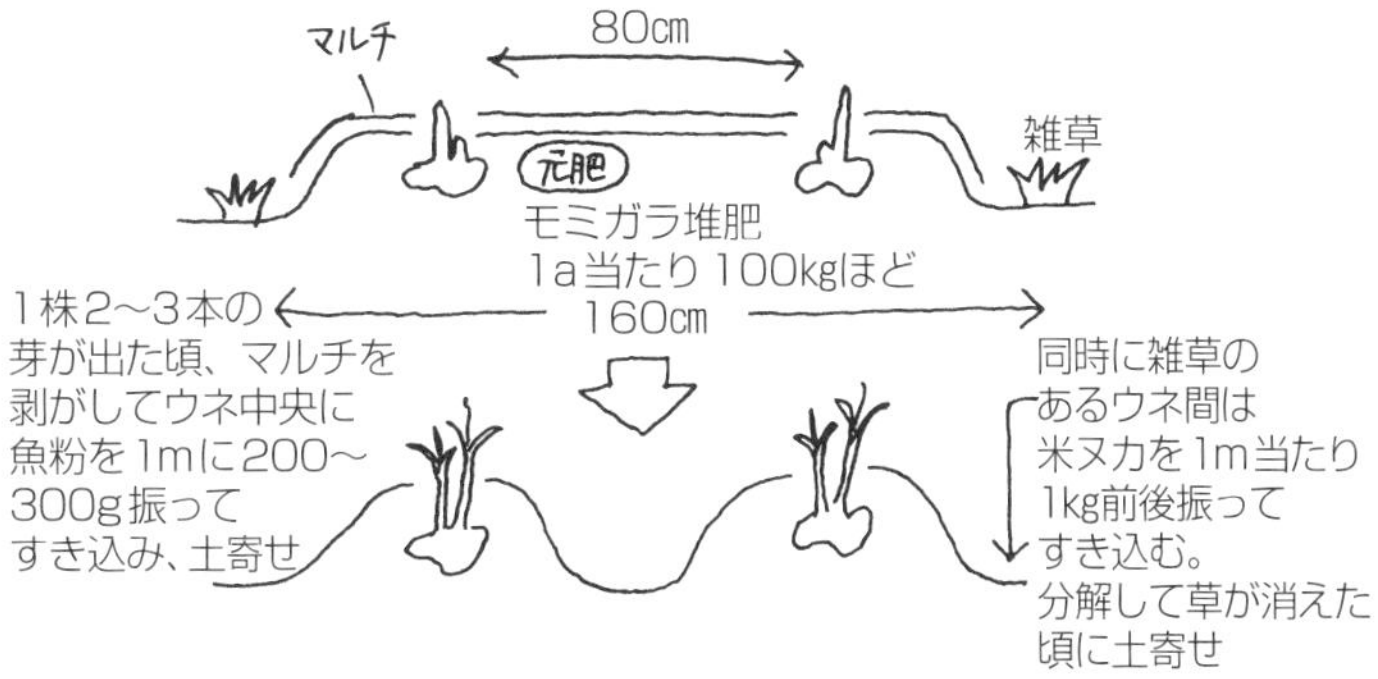

マルチ
80cm
雑草
元肥
モミガラ堆肥
1a当たり100kgほど
160cm
1株2～3本の芽が出た頃、マルチを剥がしてウネ中央に魚粉を1mに200～300g振ってすき込み、土寄せ
同時に雑草のあるウネ間は米ヌカを1m当たり1kg前後振ってすき込む。分解して草が消えた頃に土寄せ

図5－11　ショウガのウネと施肥

収穫と貯蔵

早い年は九月上旬から販売可。十月になれば大きな株は一kgを超える。ショウガは寒さに弱いので、貯蔵可能な場合を除き、冬日になる前に売り切ってしまったほうがいい。

写真5－12　ショウガの植え付けは黒マルチで初期生育を促す

ショウガは熱帯原産のため、貯蔵にはサツマイモ同等の温度が必要である。唯一違うのは、湿度である。サツマイモも貯蔵には高湿度が適するとなっているが、私のモミガラ貯蔵では乾いたモミガラのほうが成績がいい。ところが、この方法をショウガに当てはめるとクモノスカビが生えて腐ってしまう。ショウガは湿ったモミガラか、湿ったくん炭で貯蔵しなくてはダメなようである。それ以外の条件はサツマイモと同じでかまわない。

また、サツマイモはネズミなどの食害を防ぐため、プラスチックのケースで貯蔵しなくてはならないが、ショウガは食害の心配が少ないので、網袋などでも貯蔵が可能だ。掘り出しやすいほうを採用すればいいだろう。

タマネギ（ユリ科）

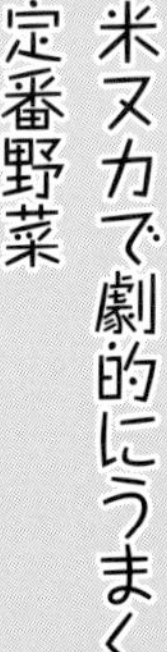

初期生育の遅さを育苗で乗り切る

ニンジン、タマネギ、ジャガイモを、私は「三種の神器」と呼んでいる。カレーの定番具材でもあるこれらの野菜は、利用範囲が広く、たいていの家庭で年中ほしい野菜だ（写真5―13）。年中使う野菜ゆえ、比較的大量に販売できるので、こうした野菜で客から高評価を受けたいものだ。その点、ネギ類（ネギ、タマネギ、ニンニク）は米ヌカ利用で劇的に味が変わるので、使いたくない言葉ではあるが、「差別化商品」として販売するには打ってつけの野菜だ。

写真5－13　タマネギは家庭での利用範囲が広いので、大量につくりたい

ふつうタマネギの苗つくりは畑に直播きだが、この時期は台風シーズンだし、年によっては厳しい残暑でカラカラのときもあって、きれいに発芽させることさえ難しい。しかも、初期生育がきわめて遅いタマネギでは、雑草害にもあいやすく、生育期間中に肥切れを起こす心配もあるので、ポット育苗→仮植→定植という流れがいちばん安

1月	2月	3月	4月	5月	6月	7月	8月	9月	10月	11月	12月

（早生～中晩生）　収穫（5月～6月）　播種○（9月）　仮植△（9月～10月）　定植▲（11月）

（極早生）　収穫（3月～4月）　（ハウス）○（9月）　△（9月～10月）　▲（11月）

（葉タマネギ）　収穫（3月～4月）　○（8月～9月）　△（9月）　▲（10月）

○播種　△仮植　▲定植

図5－12　タマネギの栽培暦

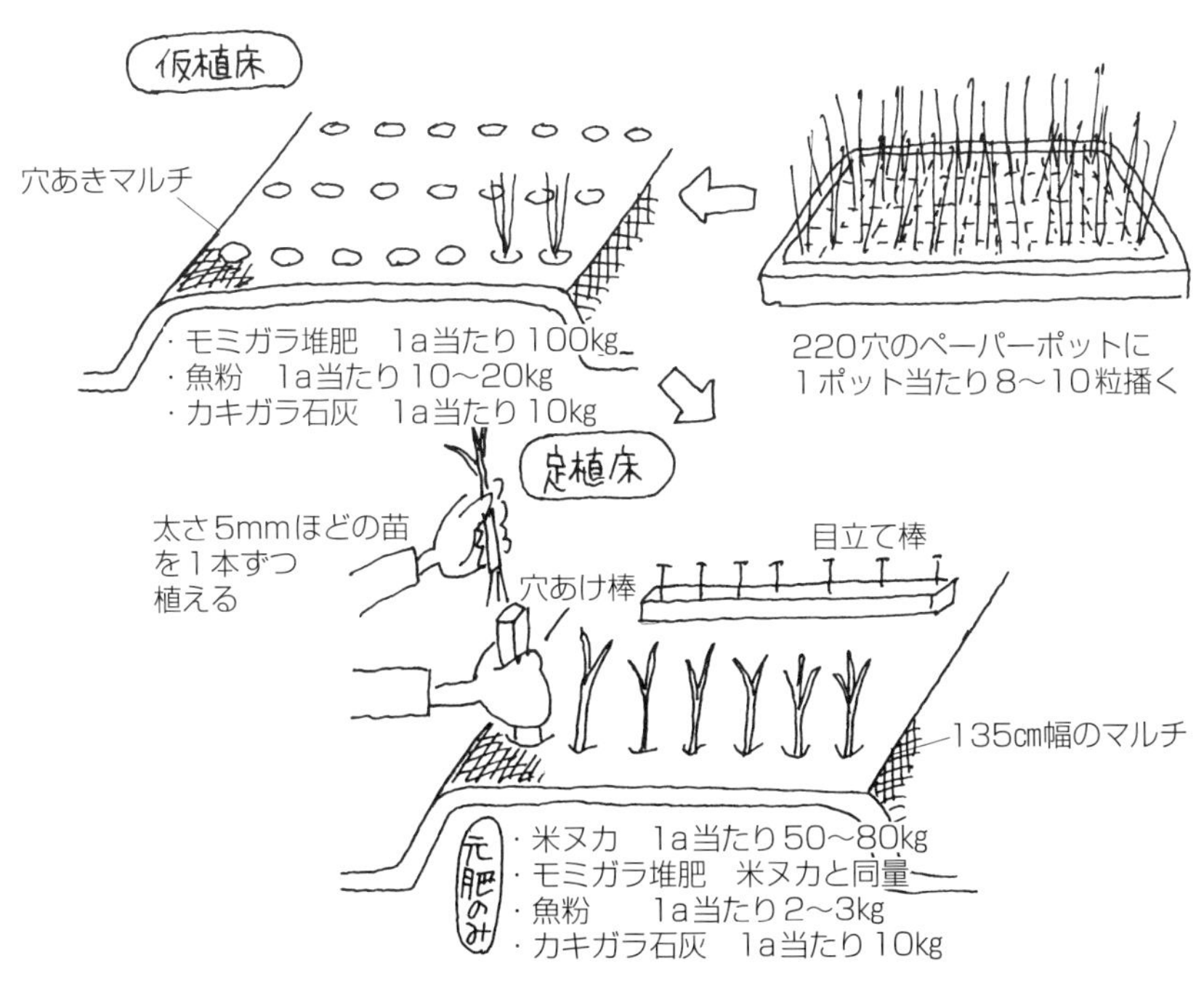

図5－13　タマネギのウネと施肥

定して栽培できる。

しかも、仮植した苗は一穴一〇本近くの苗をゴボウ抜きにできるので、苗引きが圧倒的に早いのも有利な点である。

ペーパーポットに播いて、穴あきマルチに仮植する

ネギ類はやせた畑ではいいものがとれない。肥えて排水も保水性もいい畑が適地だが、特にタマネギは土地を選ぶので、タマネギのよくできる畑につくりたい（当たり前か……）。

畑は夏から何度もロータリをかけてきれいにしておく。草にしておくとネキリムシ被害が大きいし、ウネ立てもしにくい。そもそも土がきれいに崩れないから、植え付け作業がやりにくい。

育苗はペーパーポットに播いて、穴あきマルチに仮植する方法をとる（図5―13）。

仮植により生育が一時遅滞するので、タネ播きは直播きよりも三～四日早くし、二二〇穴のペーパーポットに一ポット当たり八～一〇粒のタネを落とす。これで育苗箱一つで約二〇〇〇本の苗ができる勘定だ。発芽も一〇〇%ではないし、仮植後ネキリムシに食われるので、実際には一五〇〇本ぐらいと計算しておけばいいだろう。ハウス内で育苗管理し、仮植の数日前には外に出して慣らす。

発芽して一週間から一〇日後に露地畑に仮植する（写真5―14）。

仮植床の肥料はモミガラ堆肥、魚粉、カキガラ石灰。どれも菜っ葉をつくるぐらいの量を振ってすき込み（魚粉で一a当たり一〇～二〇kg）、黒マルチをかける。準備ができたらすぐに苗を植えたほうがいい。タマネギ苗のニオイがすると犬猫も近寄りにくい。十月の下旬頃になると草の多い畑では、雑草がタマネギよりもでかいツラをしてくるので、草引きをする。

十一月になると苗の太さも五mm以上になって定植適期となる。

定植時に米ヌカとマルチ

タマネギを植える畑はあらかじめロータリをかけきれいにしておく。

肥料はモミガラ堆肥、米ヌカ・カキガラ石灰・魚粉で、あればグアノもリン酸肥料として入れるとよい。量は肥え具合によるが、モミガラ堆肥と魚粉は少しだけ。主要な成分は米ヌカで供給する。その量は、一a当たり五〇～八〇kgほどは必要。すき込んだらすぐにウネ立てを行ない、黒マルチをかける。すぐにやらないとタネバエに卵を産みつけられ、虫害で全滅となる。六～七条の穴あきマルチでもいいが、穴が大きすぎて雑草が繁茂しやすい。穴なしマルチに自分で穴をあけたほうが賢い。

ちなみにウネは東西ウネだとどういうわけか南側の苗が枯れやすいので、なるだけ南北ウネにする。ムリな場合は南側の穴はニンニク用に使ったほうがいいかもしれない。

長さ一mの垂木に一五cm（一三五cm幅のマルチで七条）～一八cm（同六条）の間隔で五寸釘を打って目立て棒とする。さらにこの穴に竹などでつくった穴あけ棒を挿して植え付け穴とする。私の畑は石だらけなので、一穴あけるにも力がいるが、やわらかい畑ではいくつか一度にあけられる道具をつくったほうがいいかもしれない。

仮植苗は直播きと違って簡単に抜ける。一〇〇〇本抜くのに五分もかからない。ただ、一本一本バラすときに折らないよう気をつけること。

マルチをかけたら一週間以内に定植

する（写真5―15）。なぜか遅れると枯れるものが多い。定植が終わったら冬から春にかけての季節風でマルチが剥がされないように、マルチの上にウネ間の土を置く。

春になったら植え穴から草が出てくるので、適宜抜くだけで、追肥も何も必要ない。ウネ間の草がひどいときは刈るか抜くかするだけで、収穫までほったらかし。

写真5−14　タマネギの苗を仮植中。スコップの柄や竹などでつくった穴あけ棒で穴をあける

年内貯蔵ならモミガラの上で

玉が太ったら販売可能だが、葉の切り口だけでもよく乾かしてから販売すること。この栽培法では、一般の栽培より首が細くなる傾向にあるので、倒伏が早く、倒れてからでもかなり肥大するから、収穫は遅めにしたほうがいい。

写真5−15　マルチをかけてすぐに定植したところ。この畑ぜんぶがタマネギ。このあと、冬から春にかけての季節風でマルチが剥がされないように、マルチの上の所々に土を置く

収穫後は吊り貯蔵が一般的だが、大量のタマネギを吊り貯蔵するのは労力の面でも時間の面でも大変である。このため、年内中に売る場合は、ハウスの中にモミガラを分厚く敷き詰め、その上に並べる（写真5―16）。ただし、モミガラの上には固めのネットを敷く。これは根が出にくいよう、タマネギとモミガラの間に隙間をつくるためである。タマネギは二段くらい重ねてもいいが、生の葉は必ずタマネギの上になるようにする。下になると腐るが、上にあると夏に遮光の役割を果たしてくれる。

夏は直射日光が当たると暑くなりすぎるので、ハウスの上に銀色のUVシートをかける。

この貯蔵法では、晩秋になると

写真5−16　年内貯蔵なら、ハウスの中にモミガラを敷き詰め、その上に並べる

タマネギが結露しやすくなって根が伸びやすくなるので、晩秋以降の販売には、やはり吊り貯蔵が適している。

葉タマネギのつくり方

　タマネギは葉タマネギとしても売れる。ふつうは芽が出てきたタマネギを露地やハウスに植えて伸びたものを使うが、元のタマネギ部分が腐って、販売の際調製に難儀する。葉タマネギをたくさん売ろうと思ったら、タマネギのタネをひと月ほど早く播いて苗を早くつくり、九月下旬頃、穴あき黒マルチに苗を三〜四本ずつ植える。

　この場合、時期的に生米ヌカ栽培はムリなので、モミガラ堆肥と魚粉中心か、米ヌカの「予肥」をやっておく。表面の皮一枚むくだけでキレイになり、調製が圧倒的にラクだし、太くなって重さも出るので、たくさん売りたいときはこの方法に限る。

　ただし、根の強い品種は抜けなくて困るので、抜きやすい品種を選んで播くこと。タキイ種苗の品種には抜きやすいものが多いが、タネの値段も高いので、自分で試して、いい品種を探してみることである。

ネギ（ユリ科）

タマネギと同じく年中ほしい野菜

育苗＋穴あきマルチ移植で初期生育を守るのがコツ

タマネギと並んでネギも年中ほしい野菜だ（写真5―17）。冬は鍋やうどん、夏は薬味、それ以外の季節でも味噌汁の定番だし、日持ちはするしで、売る側にとってもありがたい野菜である。

写真5－17　ネギもタマネギと並んで一年中売りたい野菜

タマネギ同様、初期生育が遅いので、一般に苗をつくるのが面倒。自家用につくる農家では苗を購入する人が多いが、タマネギのところで紹介した「ペーパーポット育苗→穴あきマルチに仮植」の方法では、大きく活着のいい苗が簡単につくれる。タマネギと違ってほとんどの時期で抽苔の心配がないので、でかい苗をつくって植えたほうが、管理が圧倒的にラクである。

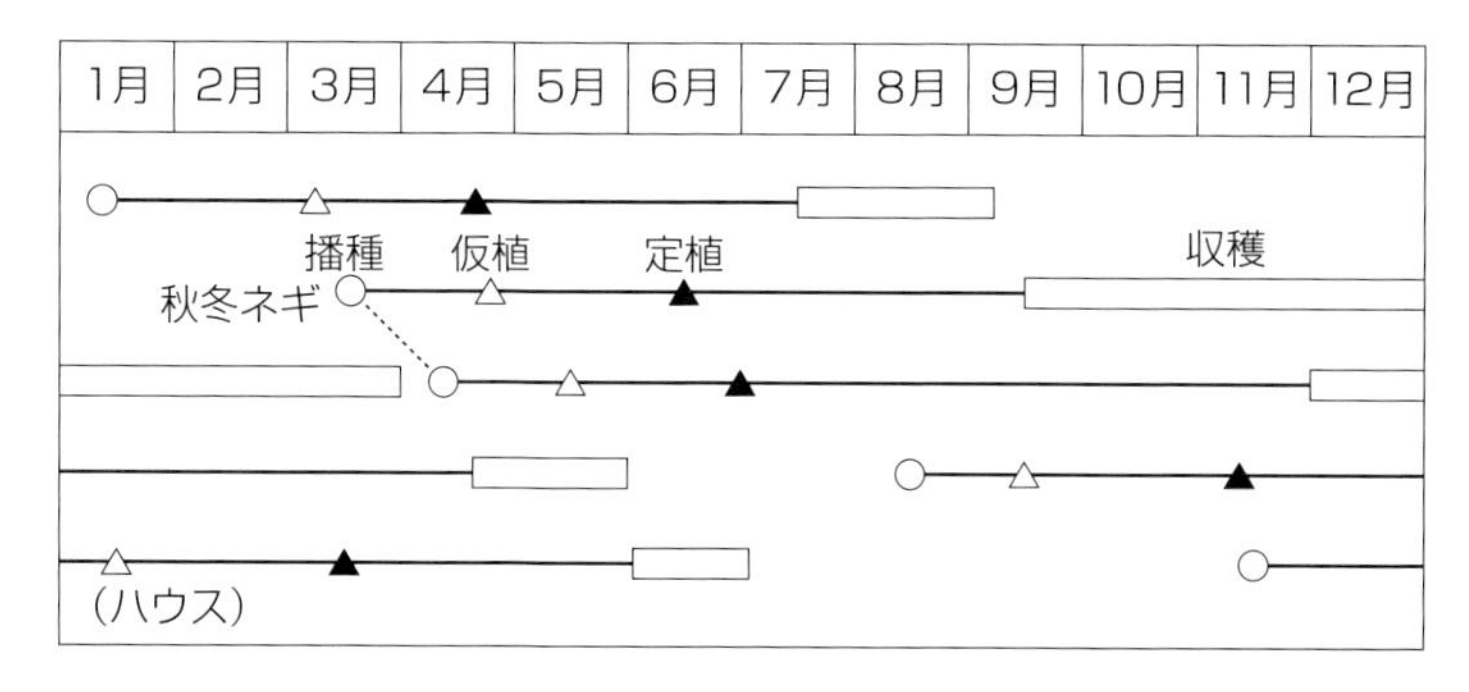

図5－14　ネギの栽培暦

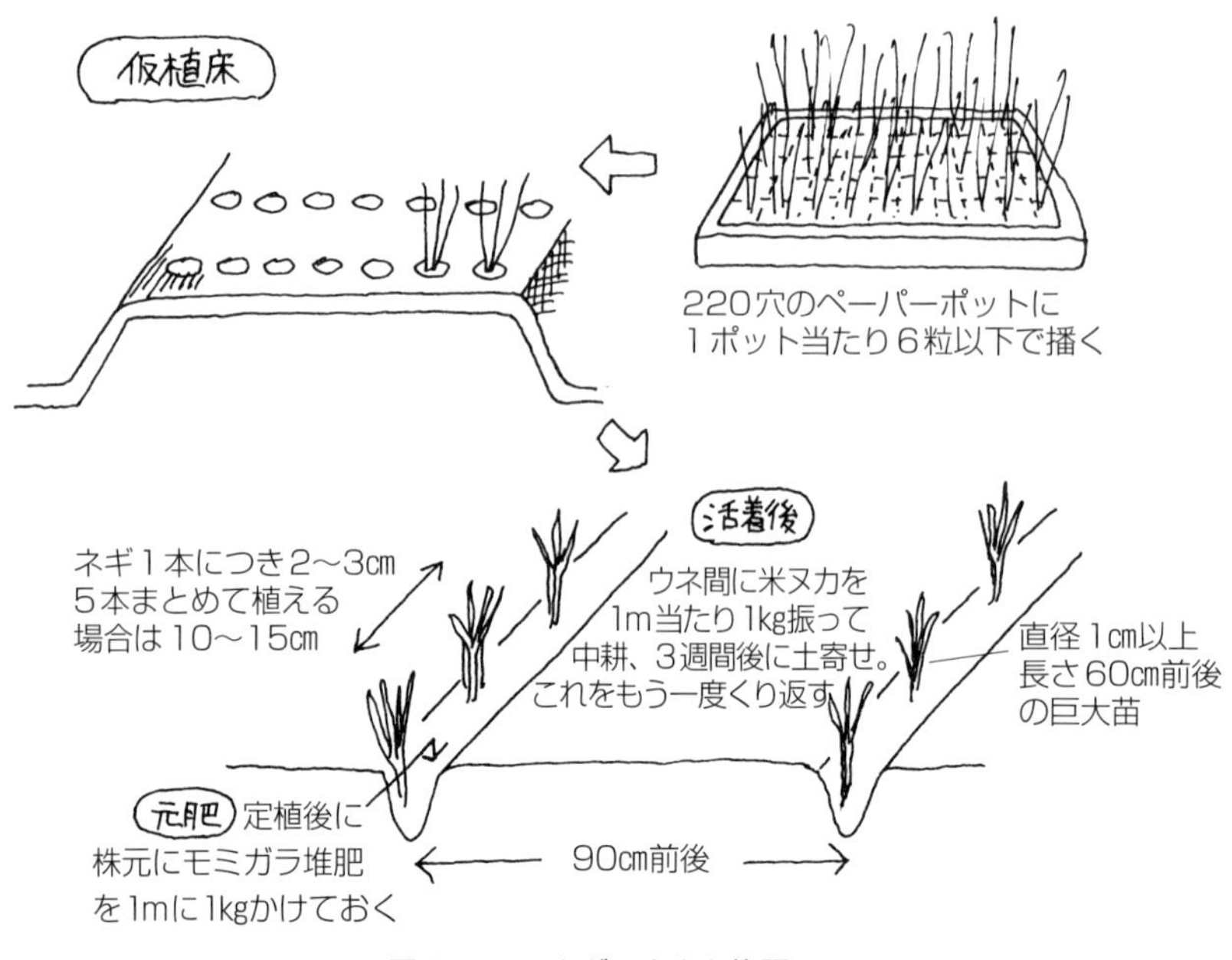

図5－15　ネギのウネと施肥

直径一cm以上の巨大苗

育苗はペーパーポットに播いて、穴あきマルチに仮植する方法をとる（図5―15）。

タマネギとの違いは一ポット当たりのタネの数である。タマネギでは一〇粒近く播くが、ネギはバラさず植えるため、一ポット当たりのタネ数は一本ネギ（根深ネギ）で六粒までとする。

苗のつくり方は基本的にタマネギと同じ。一般的な秋冬ネギでは三月下旬〜四月上旬播きで連休頃に仮植。仮植後一カ月あまりで「これ、そのまま食えるんでねえ？……」といわれるような大きな苗になる。六月の後半に定植となる。

苗の大きさだが、当然大きいほど雑草に強い。ただ、植え方にもよるが、大きいほど根元が曲がりやすいという欠点がある。だから、少々曲がってても販売に問題のない場合はできる限り巨大な苗で植え、見た目至上主義の場合は小さめで定植する。

私は宅配中心なので、直径一cm以上、長さ六〇cm前後の巨大苗にして植えている（写真5―18）。このぐらい大きい苗になると相当かさばるから、仮植畑は定植畑に近いほうがいい。

写真5－18　直径1cm以上の巨大苗で定植する

なお、ネギは排水も保水性もいい畑が適地だが、高く土寄せする必要があるので、作土が深いほうがいい。ただ、石だらけの私の畑でも何とかつくっているので、たいていの土地で栽培可能である。雑草には弱いので、何度かロータリをかけ、草の少ない状態にしておく。

写真5－19　追肥として、ウネ間に米ヌカを振ってロータリで中耕する。分解したら土寄せをする

元肥はモミガラ堆肥だけ

定植は鍬でやや深く溝を切り、そこに五～六本の束のまま、分げつネギの場合は一～二本にバラして、なるべく直立するように並べていく。

あまり傾いていると栽培後のネギが曲がり、間引き収穫の際抜きにくくなる。また、袋詰めもやりにくいし、見た目から販売に不利になることもあるので、なるだけ立てたほうがいい。ただ小さな苗の場合は曲がりにくいので、あまり気にしなくても大丈夫だ。

あとの土寄せを考えてウネ間は九〇cm前後、株間はネギ一本につき二～三cm（分げつネギなら分げつ後の本数×二～三cm）ぐらいとる。並べたら、倒れないように足で土を寄せ、踏み固めて、最後に株元にモミガラ堆肥を敷いておく（元肥はこれだけ）。

図5－16　ウネ間の雑草の刈り方

ウネ間に米ヌカ、分解したら土寄せ

一週間ぐらいして活着したら、ウネ間に米ヌカを一m当たり一kgほど振って中耕する（写真5―19）。三週間ほどして米ヌカが分解したら培土器で土寄せし、トンボで土を株元に寄せ、草を埋める。

土寄せが終わったら再び米ヌカを振って中耕し、分解した頃、同様に土寄せする。植えたときから太いので、早くから土寄せが開始できるのがミソである。

三回目の土寄せは管理機のネギロータを使うか鍬で上げる。私はネギローターを持っているが、石だらけの畑ゆえ使用困難なので、人力でやることも多い。

ひどい草は刈り払い機で刈る

他の仕事が忙しくネギの管理を怠っていると、あっという間にネギが隠れるほど草ぼうぼうになることがある。このときはウネ間の雑草は刈り払い機で刈る。ウネと直角に刈り刃を動かすとキックバックでネギを切るから、必ずウネをまたぐようにしてウネと平行に刈り刃を動かすように刈る（図5－16）。刈った草は外に出さないと土寄せができないので、面倒でもフォークなどを使って片づける。株元の草は手で引くしかないが、どんなにすごい草でも一a当たり一時間はかからない。

冬ネギの場合、最終土寄せは十月までに終わらせておかないと軟白部の長さが足りなくなる。

病虫害で怖いのはネギアブラムシ

病虫害でもっとも怖いのはネギアブラムシである（写真5―20）。他の野菜のアブラムシは放っておくといなくなる場合が多いし、壊滅的な被害を出す場合も少ないが、ネギアブラムシは勝手にいなくなることはほとんどない。

ネギ畑全体に広がって、葉鞘の中がスカスカになるように枯らす。まるでトビイロウンカで坪枯れを起こしたイネのようだ。苗のうちにつくことが多いから、ときどき見まわって初期発生のときに手で完全につぶさなくてはならない。

他にスリップス（ネギアザミウマ）などもつくことはつくが、私の畑では販売できないほどの被害にあったことはないし、冬になれば勝手にいなくなる。

病気は、生育初期に大雨で冠水でもしない限り致命的なものは少ない。サビ病なんか、ひと晩で真っ赤になることがあるが、生育が遅れることはあっても、それが原因で枯れたことは一度もない。

天候をコントロールすることはできないので、病気の予防としては水はけのいい畑につくることと、肥効の安定が重要で、そのためには米ヌカ施肥がいちばんである。

写真5－20　被害が大きいネギアブラムシ。初期のうちに手でつぶして回る

収穫は太くなったものから

何本かまとめて植えることもあって、生育がきれいにそろうとは限らない。食う側としては太さがそろっている必要はないので、私は太さをそろえて売ることはしない。ただ、細いのは太らせてから売らないともったいないので、太くなったものから順番に抜いて売る。

抜きやすさには品種によってかなり差があるので、抜きやすい品種を選んで播くと間引き収穫のときに便利である。

ネギは晩抽性の品種を組み合わせたりすれば、ほぼ年中売れるから、直売、特に宅配にはもっともありがたい野菜のひとつである。しかもコツさえ覚えればこんな簡単な野菜は他にないので、直売生産者はぜひ得意な野菜にしてほしい。

ニンジン（セリ科）

「三種の神器」の一翼だが、もっともつくりづらい

発芽と雑草の対策がカギ

タマネギのところでも書いたように、ニンジンはどこの家庭でも必ず使う野菜であり、ニンジン、タマネギ、ジャガイモを私は「野菜の三種の神器」と呼んでいる。売る側としてもできれば年中売れるようにしたい野菜である（写真5―21）。

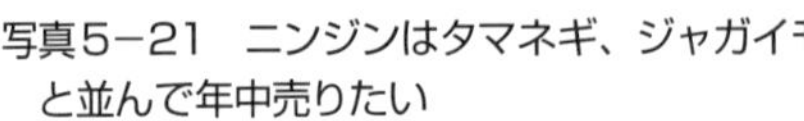
写真5－21　ニンジンはタマネギ、ジャガイモと並んで年中売りたい

ニンジンはこの「三種の神器」の中でももっとも長期貯蔵ができない特性ゆえ、販売可能期間は他の「二種」より短い。しかも初期生育が遅くて雑草に弱い上、春の栽培では抽苔に気をつけなくてはならないし、夏は高温乾燥で発芽直後に枯れることがしばしばだし、場合によっては発芽さえままならない。このため、私も手を焼いている野菜のひとつである。

水はけがいい畑が絶対条件

ニンジン畑は水はけがいいのが絶対

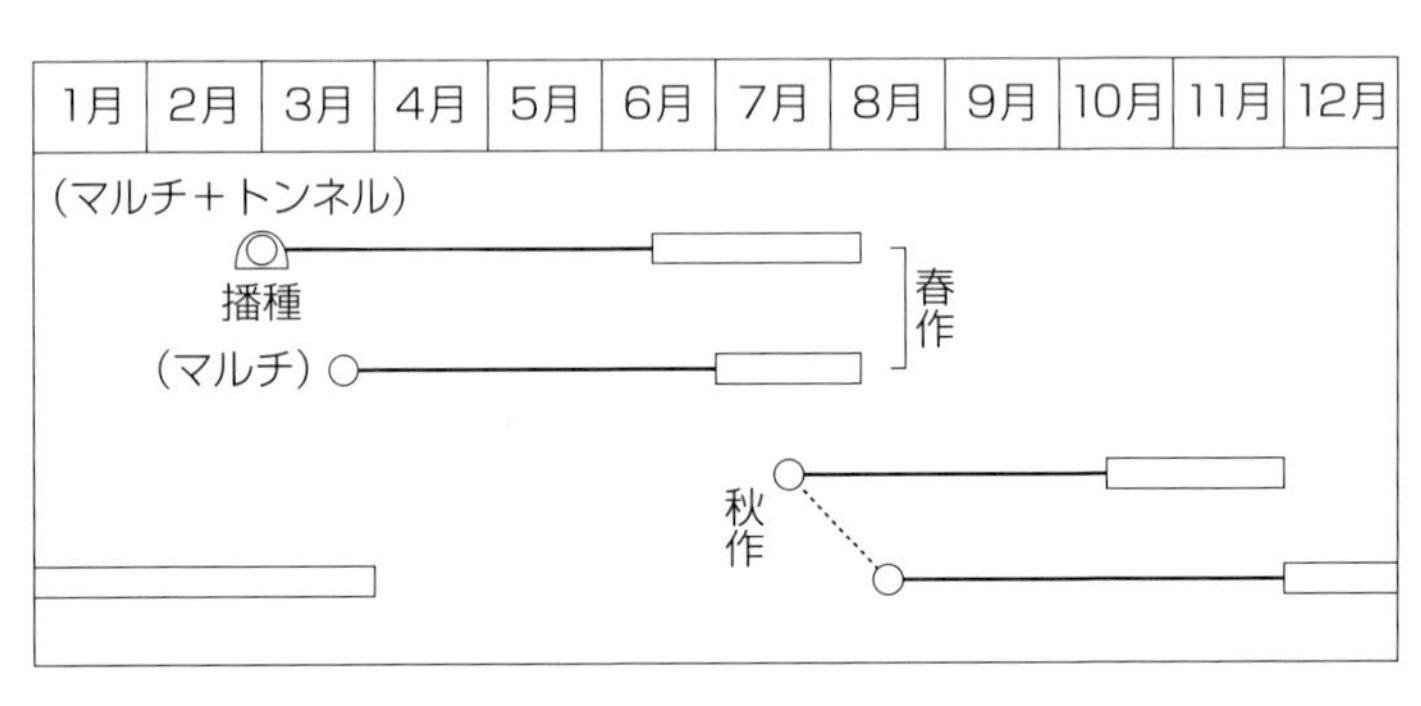

図5－17　ニンジンの栽培暦

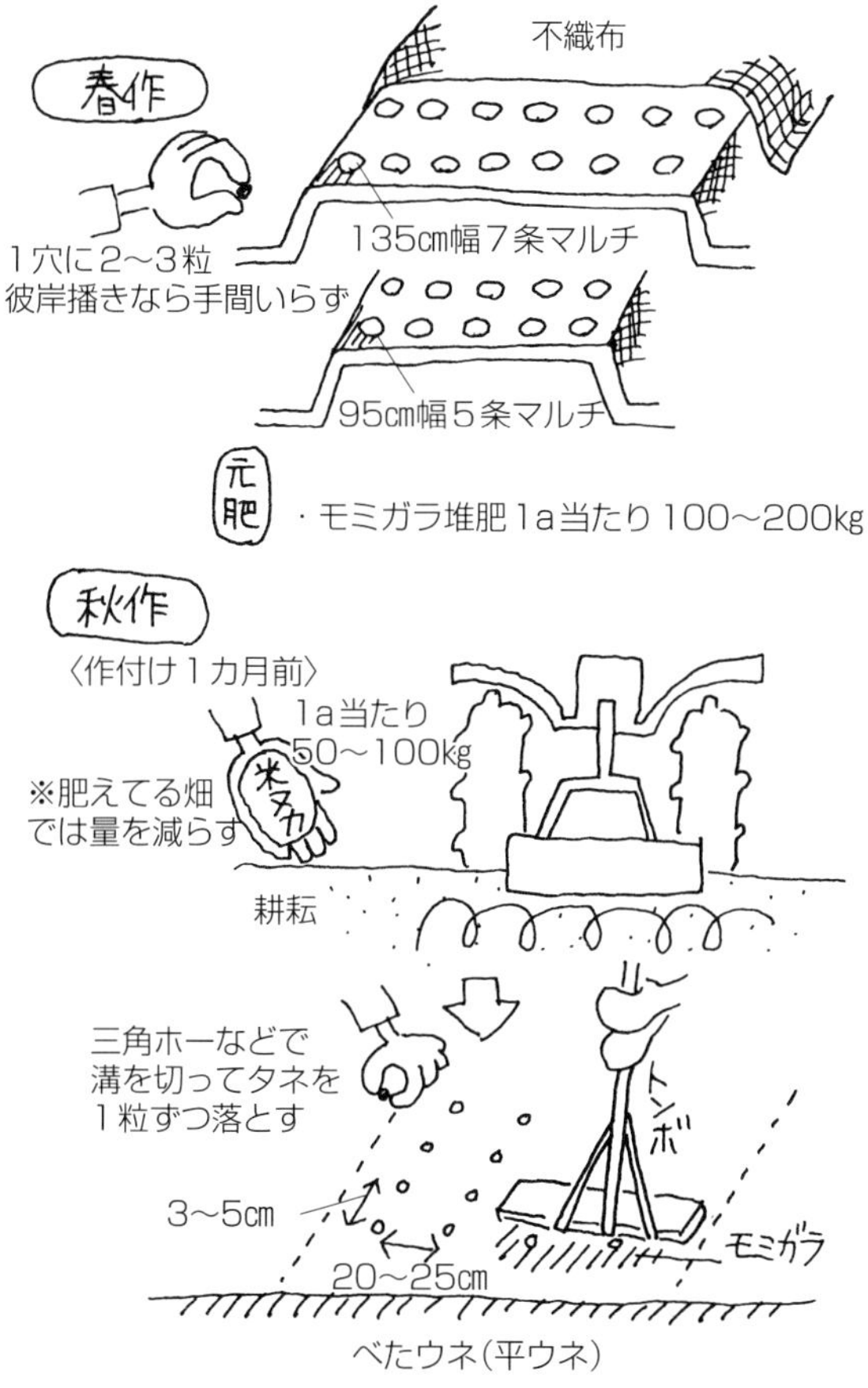

条件で、きれいなものをとろうとしたら砂質の軽い土がいい。ただし、夏は高温干ばつで初期に枯れることがあるから、条件の違う二カ所ぐらいに分けて播くといい。

ネコブセンチュウの害も出やすいので、センチュウ害が出ない畑であることも重要。出るようなところは前年にセンチュウ防除効果のある緑肥（クロタラリアやギニアグラスなど）を作付けしておくといい。ただし、草丈が小さいうちにすき込むと予防効果は小さい。マリーゴールドはネグサレセンチュウには卓効があるが、ネコブセンチュウには効果が薄いようだ。

図5－18　ニンジンのウネと施肥

春作　春の彼岸頃に播けば手間いらず

冬から早春にかけて播き、初夏に収穫する作型。

野菜の少ない梅雨前に収穫できれば非常にありがたいのだが、冬に播くと生育初期が一年でもっとも季節風の強い時期となり、よほど頑丈にトンネルを張らないと強風で吹き飛ばされる。このため季節風の強い場所ではおすすめできない（うちのところがそうだ）。

しかも年によっては抽苔することもある。このため私は、マルチと不織布のべたがけだけで春の彼岸頃に播くことにしている（図5—17）。収穫はトンネル栽培より半月以上遅くなるが、手間いらずだし、風の心配もなく抽苔もほとんどしない。

一穴二～三粒播きで十分

コヤシは完熟堆肥に限る。根菜類に生の未熟有機物は御法度だし、タネバエの心配もある。生育期間の前半が寒い時期なので、肥えた土地でも夏の栽培みたいに無肥料ではムリである。モミガラ堆肥を一a当たり一〇〇～二〇〇kg振ってロータリをかけ、九五一五か三七一五のマルチ（80ページ）をかける（図5―18）。

タネは播きやすいペレット種子が便利。必ず春播き可能な品種を使う（私はタキイ種苗の「恋ごころ」）。一穴に二～三粒播きで十分。たくさん播いても間引きが大変なだけだ。ネキリムシに食われるときも、たいていはまとめて食われるから、余計に播いてもあまり意味がない。播いたら不織布をべたがけにして、マルチ押さえと土の両方で押さえる。土だけでは風に弱いし、止め具だけでは風が入って温度が上がらん。

本葉二～三枚になるまでほったらかし。このぐらいになったら間引きする。ニンジンはダイコンと違って、間引きが遅れると隣の株の根とからみ合うので、一穴二本どりはやめたほうがいい。間引いたあとはべたがけは剥がしてもいいし、寒いときはまたかけてもいい。雨が少ないときや暖かい年はさっさと剥がす。

病虫害はネキリムシとアブラムシ、キアゲハの幼虫ぐらいだ。ネキリムシは被害が多いようなら毎朝見まわり、被害株のまわりをほじくって捕殺するしかない。キアゲハの幼虫の数はたかがしれているから、たまに見まわって回収し、土に埋めるか川にでも流そう。

春作の収穫期は短く、せいぜい長くてお盆くらいまでが限度だ。梅雨の時期に雨が多いと裂根が多いし根の腐敗も多いので、歩留まりは決してよくない。あまりつくりすぎないのが無難である。

秋作

播種後にモミガラと鎮圧

初夏から盛夏にかけて播き、晩秋から真冬にかけて収穫する主要な作型。質のいいものが長期にわたって収穫可能だが、初期の高温乾燥に泣かされる。本葉二枚頃まで生き残り、雑草対策さえできればほぼ失敗のない作型ともいえる。

肥えている土地なら終生無肥料でも可能だが、やせた畑や砂質土壌ではまずムリだ。春作のように完熟堆肥でもいいが、暑い時期に堆肥を運ぶのも面倒なので、作付けのひと月ほど前に米ヌカを一a当たり五〇～一〇〇kg振って、週一回ぐらいロータリをかけておくと、それだけで他にコヤシはいらない（図5―18、写真5―22）。ニンジンは酸性に弱いので、酸性土壌では米ヌカと同時にカキガラ石灰も一aに一〇kg前後振ると、爆発的に増殖する微生物にカルシウムが取り込まれて、カルシウム分が徐々に効いていいかもしれない。

　播種は私のところでは七月の中旬から八月中旬まで。基本的に無マルチで、条間二〇～二五cmの二条播きか四条播きとする。鍬か三角ホーで浅く溝を切り、タネは三～五cm間隔に一粒ずつ播く。最近はタネも高価なので、半数も間引かなくていいように播く。播種後、上にモミガラを薄くかけ、トンボの背中で鎮圧しておくと乾燥防止になる。適当に雨のあるときは、覆土もモミガラだけで大丈夫だ。ただし、発芽がそろっても、その後の高温乾燥で枯れることがある。特に砂質土では熱くなるので要注意だ。あまりに高温で乾燥した天気が続くときは朝か夕方に水をかけるしかない。本葉三枚以上になれば相当な乾燥に耐える。

写真5－22　米ヌカ以外いっさいやらずに育てた秋作ニンジン

発芽がそろったら草削り、本葉二枚ぐらいで土寄せ

　重要なのは雑草対策で、一度草に埋もれても草引きさえすれば一人前になるが、手間が大変。発芽がそろったら、天気の続くときに条間の草を削り、本葉二枚ぐらいになったら、条間に三角ホーを通して土寄せをする。これで草引きの手間はほとんどなくなる。

　このぐらいの株までは根がからみ合う心配はないので、間引きは少々大きくなって葉ニンジンで食えるぐらいになってからでもいい。天ぷらや炒め物・和え物に使えるから、私は宅配に入れている。少し大きくなりすぎたらベビーキャロットとして売ることもできる。このときの株間は五～八cmとやや狭めに残しておき、あとは大きくなったものから売っていけば、収量もあがる。

　冬は首が凍みるので、通路の土を株元に寄せる。遅く売るぶんには、土をかけやすい二条播きのほうが便利だ。ただ、雪も降らず冬場の気温が著しく下がるところでは、土に埋けて貯蔵したほうが安心できる。

生育が早くて もっともつくりやすい根菜類

虫害、センチュウ害、トウ立ち対策を

ダイコンは根菜類の中でも生育が早く、もっとも栽培が簡単だ。ただ、アブラナ科ゆえ害虫が多く、有機栽培で失敗するとしたらたいてい虫害が原因である。春作では抽苔やセンチュウ害も問題となる。

春ダイコン　二月播きは抽苔する

冬から春にかけて播き、春から初夏にかけて収穫する作型。

トンネル栽培で二月頃に播くと、五月の端境期にとれてありがたいが、晩抽性の品種でも常に抽苔の危険がつきまとう。収穫開始頃には大丈夫でも、売っているうちにトウが立ってきたりする。高温で蒸して花芽分化を止める作型なので、春に天候不順だとすべてオシャカになることもある。直売するなら、そこそこの量にとどめておくべきだろう。

気温が氷点下にならなくなる頃には、黒マルチと不織布のべたがけで露地でも播けるようになる。この作型なら抽苔の心配もほとんどない。ただし、収穫は六月にずれ込むし、収穫後半はネグサレセンチュウに悩まされることになる。ただ、センチュウ害に関しては、前年にマリーゴールドを栽培しておけば七月になってもきれいなダイコンがとれるから、春ダイコンをつくる畑には絶対におすすめだ。

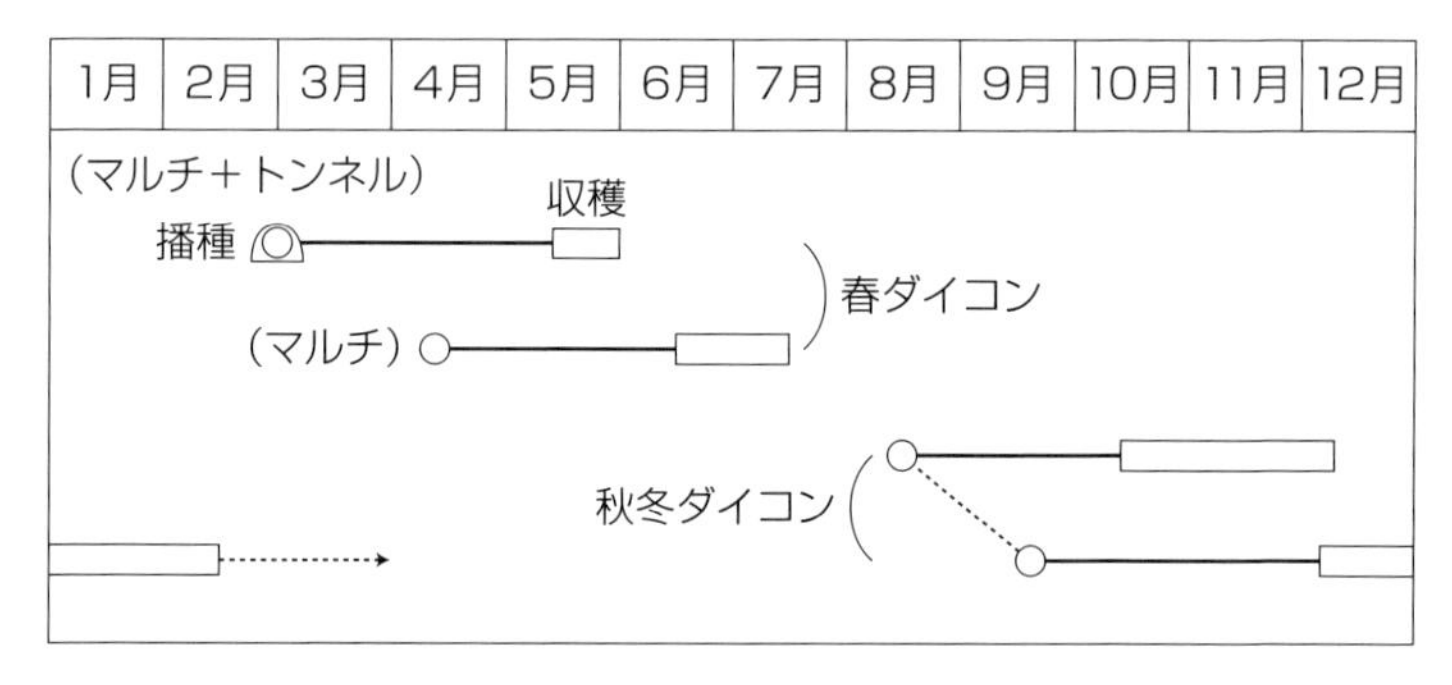

図5－19　ダイコンの栽培暦

黒マルチは欠かせない

品種は春作専用の極晩抽性品種を使うことが必要。コヤシはモミガラ堆肥を一a当たり一〇〇kg程度振ってロータリをかけておく（図5—20）。とにかく地温が必要なので、黒マルチは必須。穴あきの三四三〇（四条で株間三〇cm）を使う。

タネは一穴二粒で十分。三粒も播くと間引きが面倒だし、二粒なら間引きしなくても何とか一人前に育つ。

二月播きのトンネル栽培では播種後すぐにトンネルをかけるが、まだ雪も積もる時期なので、つぶされないようトンネル枠は相当密に立てる。トンネル内にべたがけは不可。せっかく出た芽がなぜか消えていく。被覆フィルムの留め方にはいろいろあるが、私は両脇を土で押さえたあと、上から防風ネットをかぶせ、べたがけ固定用のくしで固定している。一人でもでき、強風にも相当強い。

最低気温が五度以上になったら換気を開始するが、ダイコンにとってはいきなり「外気デビュー」なので、しなびないように暖かい曇りの日を選んで行なう。最低気温が一〇度以上になったら完全にトンネルをはずしていい。あとは収穫までほぼほったらかし。生育後半にはナガメの吸汁害で葉が汚くなるが、根に影響はない。

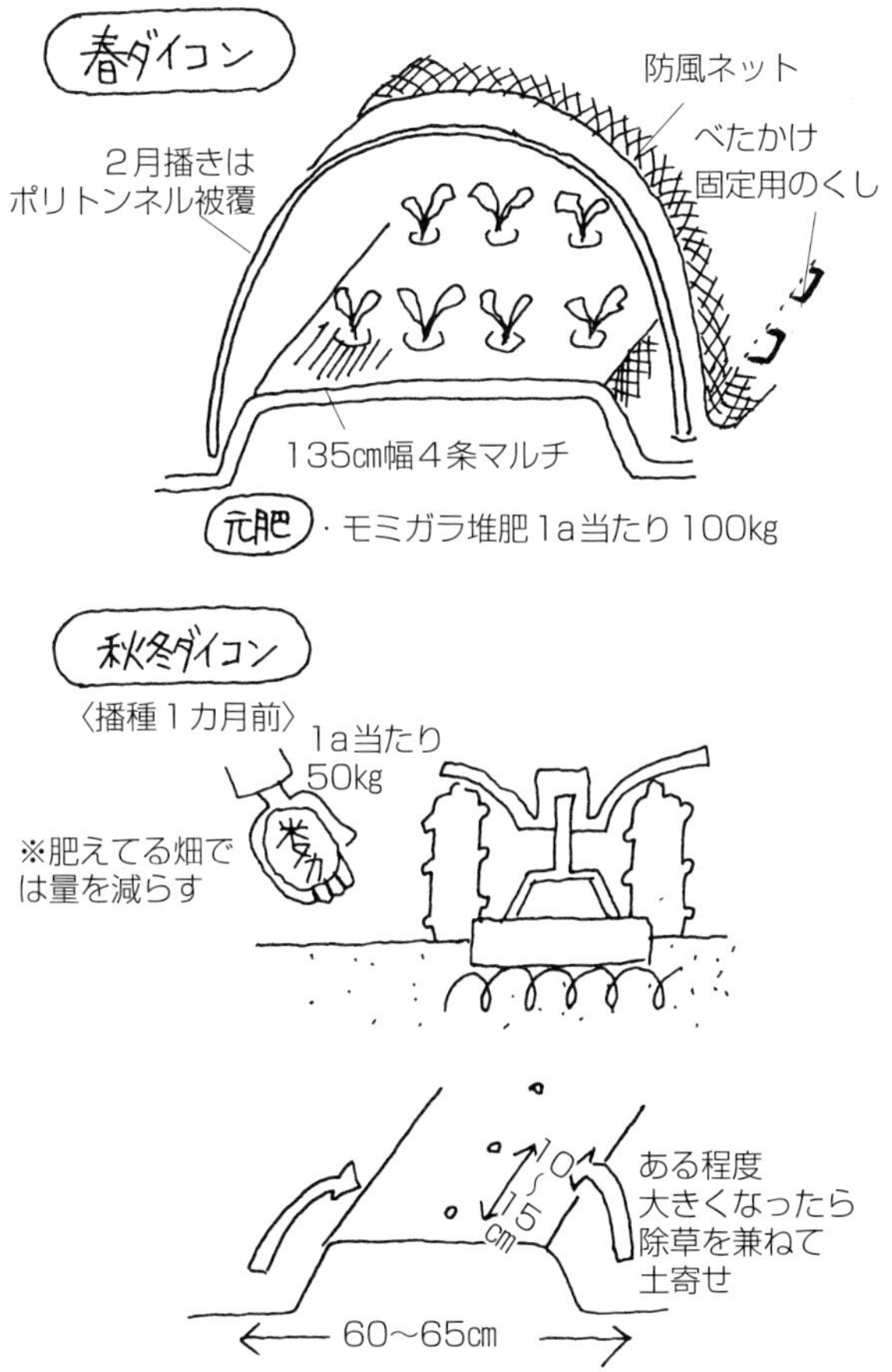

図5−20　ダイコンのウネと施肥

秋冬ダイコン

もっとも味がよくつくりやすい

夏から初秋に播き、秋から冬に収穫するダイコンのもっとも主要な作型。低温期に向かう作型なので、味はもっともよく栽培もラクチンだが、厳冬期には凍害対策が必要。生育初期は高温期なので、害虫にも注意が必要。特にダイコンサルハムシとカブラハバチが要注意。畑によって虫害に大差があるので、いくつかの畑に分散して播いておくと安心だ。

コヤシは播種ひと月前の米ヌカ

ダイコンはもともと少肥型野菜なので、肥えているところなら無肥料でも一人前になるが、やせている畑や遅播きの作型では肥料分が必要。聖護院ダイコンのようなコヤシ食いの品種では、無肥料ではコカブのようになってしまう。

夏播きのダイコンもモミガラ堆肥でかまわないが、暑いときに堆肥をつくって運ぶのも大変なので、播種ひと月前に米ヌカを一a当たり五〇kg程度まいて、週一回ぐらいロータリをかけておく。これで肥切れの心配もないし、少々草のある畑でもタネ播きする頃にはきれいな畑になっている。

秋作ではマルチは使わない（図5—20）。マルチでは土寄せできないから真冬に凍害をモロに受ける。ウネ幅六〇～六五cmで、一〇～一五cm間隔に一粒ずつ播いていく。ある程度大きくなったら、除草をかねて管理機で土寄せする。間引きは行なわず、一人前になったものから間引き収穫すると、間引きの手間が省けてタネ代も浮くし、収量もあがる。

本格的な寒さが来る前に根がほとんど隠れる程度に土寄せする。寒さの厳しいところでは土の中に埋けて貯蔵するほうがいいかもしれない。太くなりすぎて売れなくなったものや又根のダイコンは、切り干し大根にして売ればムダがない。寒風の中で干した切り干し大根は、スルメのようにそのままかじってもうまいものだ。

ダイコンはアブラナ科なのに根こぶ病にかからない。根こぶ病菌の胞子を発芽させるが、菌は根にとりつけず、そのまま死んでしまう。ダイコンをつくると菌密度が下がるので、根こぶ病の抑制になる。「おとりダイコン」（渡辺採種場）など、根こぶ病予防のための緑肥として売られているが、ふつうのダイコンでも効果は同じなので、根こぶ病が出たところにねらいを定めてダイコンを播けばいい。もっとも、一年だけでは激発地では気休めにしかならないかもしれないが……。

乾燥に弱いので直播き向き

乾燥に弱いし、雑草に負けないので直播きがいい

カブは根菜類だが、苗をつくって植えても栽培できる。ただし、カブは乾燥に弱いという弱点がある。種子根（いわゆる直根）が深くまで伸びることができない移植栽培はどうしても干ばつの被害を受けやすく、内部が褐変しやすい。

かん水が簡単な場所や雨の多い季節なら移植栽培もいいが、もともと生育の早いカブは、直播きでもめったに雑草に負けることがないので、直播きのほうが手間いらずである。

短期作物なので元肥一発

乾燥に弱いので、乾きやすい土地は御法度だが、湿害にも強くないので水はけのいい土地を選ぶ。ダイコンより酸性を嫌うので、酸性土では石灰をまいたほうがいい。

短期作物なので、肥料は元肥一発（図5―22）。ふつう根菜類に生の肥料は又根の原因になるので禁忌だが、カブの場合は地上付近が太るので、生の有機肥料でもよい。ただし、タネバエの心配のある時期はマルチ栽培にしなくてはならないので、タネ播きが面倒だ。もちろん堆肥だけでつくればいちばん面倒がない。米ヌカ予肥でもできるが、短期作物ゆえ肥料がムダになる。

また、無肥料で管理機が通れる程度の条間ですじ播きし、土寄せ後にウネ

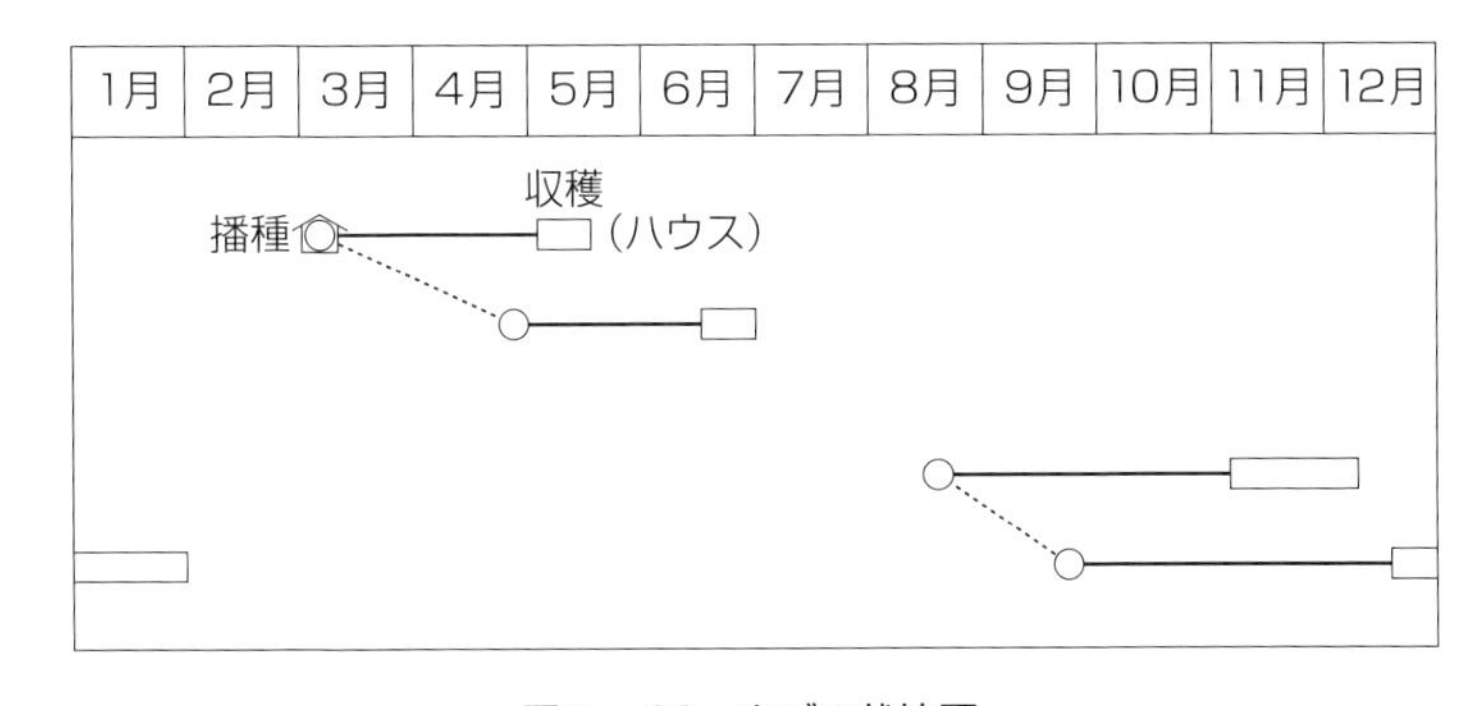

図5－21　カブの栽培暦

図5−22　カブのウネと施肥

間に魚粉を振って中耕するという手もある(土寄せ前に施肥すると、土寄せ時に魚粉が根の近くに寄ってタネバエ被害が出ることがある)。

三〜五cmに一粒播きで間引きなし

タネ播きは三〜五cmに一粒落としていく。この間隔なら間引きの必要がなく、収穫しながら間引いていけばいい。ただし、形が重要な場合はもう少し離したほうがいい。丈が五cm程度になったら土寄せする。条間が広い場合は管理機で、狭い場合は三角ホーで寄せていく。草をきれいに埋め切ることはできないが、カブは生育が早いので、少々の草には負けない。全体としてカブが勝っていれば収穫に支障はない。あとは売れる大きさになったら間引きながら売るだけ。

ダイコン同様、これほど栽培に手間のかからない野菜は少ない。

すじ播きでなくとも穴あきマルチに播いてもいい。この場合は一穴に二粒ずつ落としていく。一本に間引かず、収穫できる大きさになってから間引いて売ってもいい。ただし、少々形がいびつになる。残ったほうの一本は大きくなれば形が整ってくる。

春作ではキスジノミハムシに葉と根に穴をあけられるが、小さい虫ゆえ対策は困難。他にカブラハバチ・ナガメなどいろいろな虫がつくから、気温が高くなる前に収穫を終えよう。

秋作でもアオムシ・カブラハバチ・ダイコンサルハムシなどいろいろつくが、寒さに向かう作型ゆえ、収穫の頃には虫害は少なくなる。春とは逆に早く播きすぎなければ、病虫害はほとんど気にせずつくれる。

第6章

百姓の収入だけで生活していくノウハウ

1 手元に残るカネの増やし方

百姓の所得は売り上げから必要経費を差っぴいたものだ。だから、売り上げが伸びただけではフトコロは温かくならない。必要経費を減らしつつ、売り上げを伸ばすようでなくてはいけない。いかにカネをかけず、手間をかけずいいものをとるかが百姓の腕の見せどころである（図6―1）。

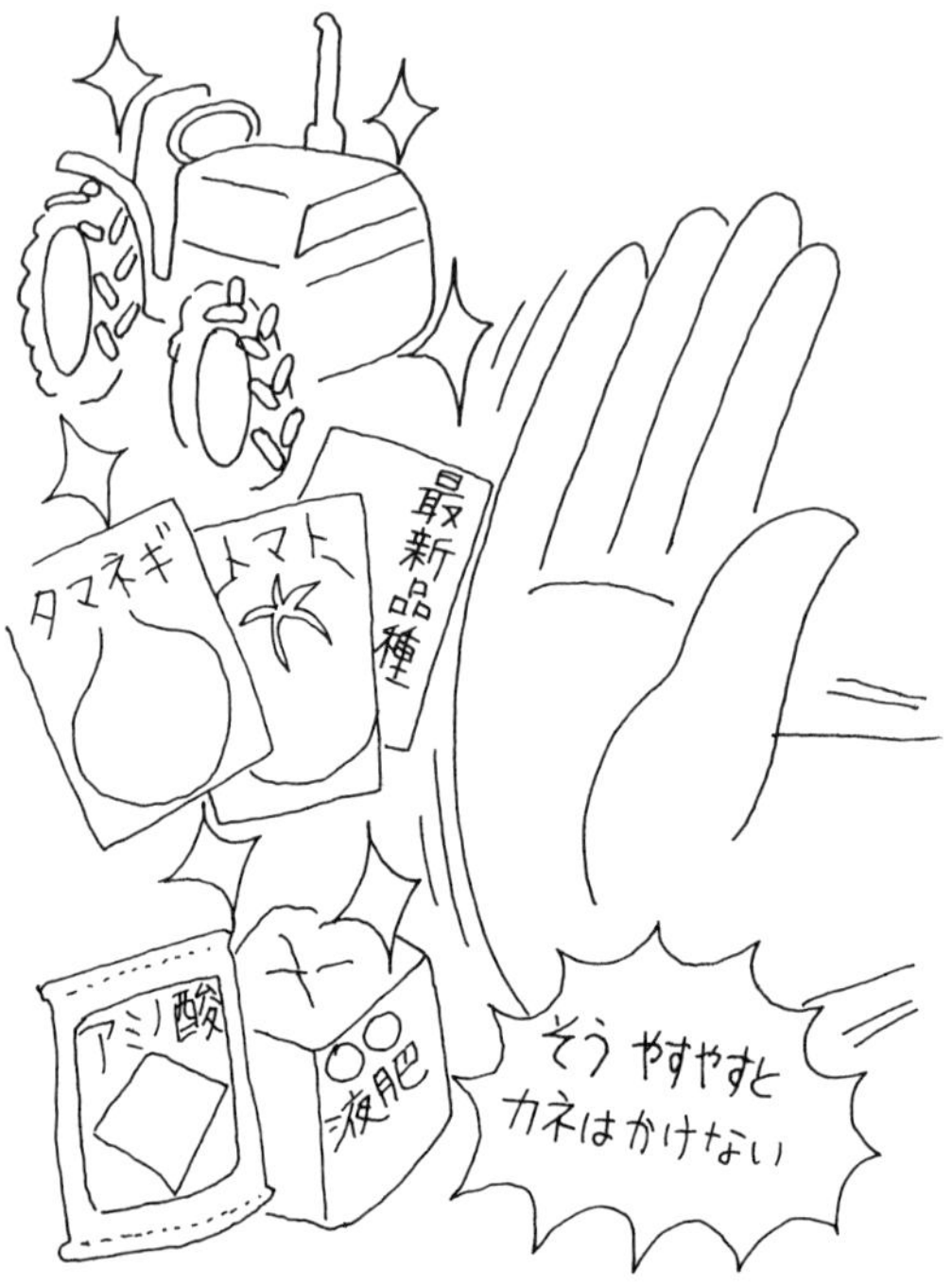

図6－1　カネをかけない

タネ代でケチる
甚だしいタネ代の値上がり

農業経営においてタネ代などはたいしたことないと思われている。確かに機械代や肥料代に比べると大きな支出ではないが、最近のタネの値上がりは甚だしいものがある（写真6―1）。

農産物価格がデフレ傾向なのに、機械も肥料も超インフレ。タネに至っては、私が百姓を始めた頃に比べて最低二倍。五倍以上の値上がりをしているものも珍しくない。

今後さらなる値上がりが心配されるので、タネ代をケチるのは重要だし、いちばんケチりやすい要素を持っているのもタネ代だ。タネ屋からは「儲けの邪魔をする」と思われそうだが、百姓が絶滅しては、タネ屋も生き残れないので、百姓の利益を優先しなくてはならない。

タネの寿命を知ればケチれる

　近所の自給的農家を見ると、ネギやニンジン、菜っ葉のタネなど、一度に一袋すべて播いている。いくら小袋といえども結構な数が入っているので、当然超密植となり、ネギは小さな苗にしかならず、ニンジンはベビーキャロット、菜っ葉はカイワレの親分ぐらいにしかならない。おそらく使い切らなくてはムダになるから播いておこうという発想である。「もったいない」がアダになっている。

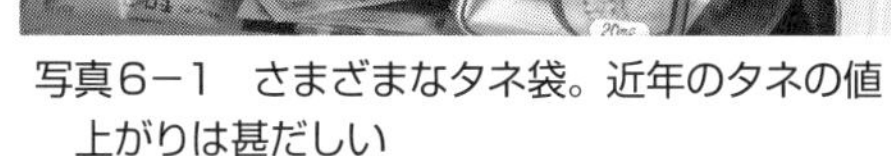

写真６−１　さまざまなタネ袋。近年のタネの値上がりは甚だしい

　プロではこんなことはしないだろうが、タネは一年で使い切らなくてはという発想は根強い。確かに古くなると発芽しなくなったり、発芽がそろわなくなったりする。ただし、タネの寿命は野菜によってだいたい決まっている。それを押さえておけば、タネをムダに使う必要がなくなり、余計な買い物をしなくてすむ。

▼購入当年だけのタネ：シソ、エダマメ（ダイズ）、スイートコーン、トウガラシ類、レタス、スイカ、モロヘイヤ。

　このうち、シソ、ダイズは二年目はほとんど出ない。未開封でもダメだ。スイートコーンも発芽するのはわずかで、夏に購入したタネのみ翌年も使える。レタス、スイカ、モロヘイヤ、トウガラシ類はある程度は出るので、タネがたくさんあれば、余計に播いて鉢上げするという手がある。

▼二年までのタネ：ネギ、タマネギ、キャベツ、ブロッコリー、パセリ、セロリ、トマト。

　ネギは昔から「一年しか使えない」といわれていたが、実際には購入した翌年もきれいに発芽する。開封済みのタネでもまったく問題なく発芽する。タマネギもまたしかりだ。キャベツ、ブロッコリーは若干発芽率が下がるが、ほとんど問題なく使える。トマトは翌年発芽するときと、ほとんどしないときがある。

▼三年目までのタネ：ダイコン、カブ、ハクサイ、菜っ葉類のほとんど、ホウレンソウ、シュンギク、オクラ、ダイズ以外のマメ類、ニンジン、カ

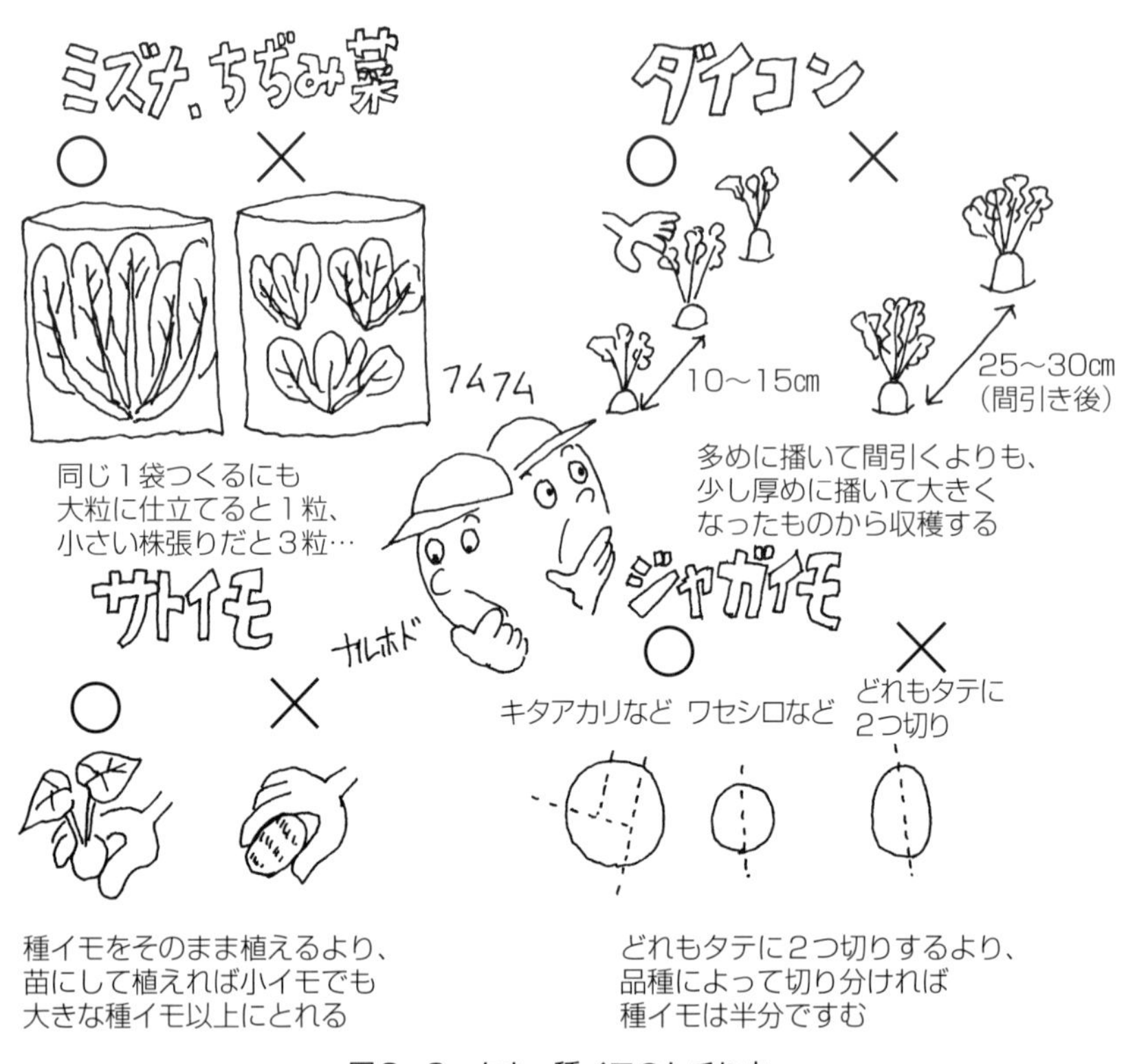

図6−2　タネ・種イモのケチり方

ボチャ、キュウリ、ナス。

ナスのタネは八年はもつと昔からいわれていたが、実際には三年目ぐらいから発芽が不ぞろいになり、四年目からは発芽率が急激に下がる。マメ類はダイズ以外のほとんど、ウリ科はスイカ以外のほとんどが三年はもつと思っていい。クウシンサイも三年までは問題なく使え、四年目でも半分くらいは発芽した。

古ダネが売られていることも

品種によっても寿命の違いがあるかもしれないし、種苗メーカーが古ダネを販売している可能性もあって、ここに書いたようには使えない可能性もある。三年もつはずの野菜のタネが二年目から発芽が不ぞろいになったら、それは古ダネを封入していた可能性が強い。

ふつう、タネの消費期限は発芽試験後一年だから違法とはいえないが、メーカーの信頼性が問われる。最近、値上げラッシュが続いているにもかかわらず、タネの寿命は以前よりも短くなったと感じている。値上げするからには一層の品質向上を種苗メーカーに求めたいところだ。

タネをムダなく使う工夫

もともと苗をつくるものならタネはムダにならないが、問題は直播きの野菜だ。

ふつうタネは多めに播いて間引きするのが一般的な栽培法。はっきりいって、これはもったいない。現在一般的に使われているF１種子は遺伝的にほぼ均質で生育の差はほとんど出ないし、ネキリムシ対策として余計に播いても近くに生えていれば一緒に食われるだけだから意味はない。ならば、少しだけ厚めに播いて間引きながら収穫するのがいい。

各作目の項にも書いたが、ダイコンはふつう二五～三〇cmの株間のところ、これを一〇～一五cm間隔に播いて、大きくなったものから収穫する（図6―2）。ただし、宮重系（一般的な青首ダイコン）など抜きやすい品種に限る。こうした「間引きながら収穫」は、ニンジンなどの他、直播きではないがネギなどでも使える。ただし、これも抜きやすい品種を選ぶ必要がある。

苗をつくって植えるものでも、なるべく大きな株に仕立てるといい。菜っ葉など、あんまり小さい株張りで売ると、タネ代ばかりかかって仕方がない。一株を十分大きくしてから売るとタネ代が少なくてすむし、調製もラクだ。こういうときは、コマツナのように図体は大きいが葉の数が少ない菜っ葉（私は「葉重型」と呼んでいる）よりも、ミズナやちぢみ菜のように葉っぱの数が多い菜っ葉（同じく「葉数型」）のほうが有利である。ごついコマツナでは誰も喜ばないからだ（82ページ）。

種イモのケチり方

ジャガイモの種イモのケチり方は、ジャガイモの項を参照のこと。個数型品種は大きな種イモを多数に切り、個重型の品種は小さな種イモを二つ切りにする。これでタネイモの購入量は半減する。

サトイモは、私のように苗にして植えると、三〇～五〇g程度の小さい種イモでも大きな種イモ以上の生育になる。サトイモの苗の場合、植え付け時の地上部の大きさに比例して生育量が大きくなるからだ。

疎植にする

果菜類などは、タネ自体は高価でも密に植えないので、それほどタネ代がかさむわけではない。だがこれらもなるだけ疎植にする。疎植にすると株の寿命が延びるし、肥切れはしにくいし、病気は少ないし、総収量は増える。初期収量が低い以外はすべて二重マルである。

自家採種という手もあるが

タネを買わずに自家採種するという手もある。だが現在の種子はＦ１種子がほとんどなので、自家採種できるものは限られている。

その中でも自家採取が簡単なのは、原則的に自家受粉がほとんどのマメ類だ。ただ、簡単に採種はできるが、乾燥貯蔵がやや難しい。特に、梅雨時期にタネを乾燥せざるを得ないエンドウ・ソラマメはかびやすく、早生のエダマメも同様だ。また固定種のネギも自家採種は簡単だが、残念ながら耐病性や生育のそろいなどでＦ１品種にかなわないものが多い。

機械代でケチる

機械代がもっとも多いかも

百姓は機械代の支出がもっとも多いかもしれない。私のようなチマチマ百姓では、ある作目の専用機械というのはイネ以外にないが、トラクタ（写真6―2）や耕耘機、管理機などの汎用機械でも結構な支出になる。農業機械に関してはそれなりの人が多くの書を書いておられるので、詳しくはそちらを読んでいただきたいが、ここでは私なりのケチり方を紹介する。

高価なものは中古で

はっきりいって、専業でやっている百姓には新品の機械を買う金銭的余裕がない。だから、兼業農家や離農する農家が売り払った中古を利用することが多い。

兼業農家は土日百姓だから、故障す

写真6―2　ネットオークションで中古で手に入れたトラクタ

ると仕事が一週間も先になる。だから新品を買いたがり、まだ使える中古を手放すことが多い。知り合いからただ同然でもらい受ければいちばんいいが、よそ者にそうウマイ話は来ないから、インターネットオークションなども利用する。

トラクタなどは一台あれば十分だが、畑があちこちに分散しているとなると、耕耘機や管理機は何台かあったほうがいい。運搬の手間が省けるし、故障したときも融通が利く。この場合、なるべく同じメーカー、それもできれば同じ型の機械を入手したほうがいい。

これは壊れたときの部品の融通のためである。農業機械の部品はバカ高い。同じようなクルマの部品の一〇倍ぐらいすると思っていいから、マトモに新品の部品を機械屋から買うのではなく、できるだけ自前のジャンク品からとるという考えである。ちょっと部品を頼んだら、中古の機械一台買えるほどとられることも珍しくないのが農業機械である。

簡単な故障は自分で直す

農業をやるためにはある程度機械に明るくなくてはいけない。とはいえ、私も特別な技術はないのだが、機械をバラすことぐらいはできる。

ガソリンエンジンなど、エンジン不調の大半はキャブレターの目詰まりだったりする。バラして掃除して元に戻せば直ることが多い。

次に多いのは着火不良。エンジン内がガソリンでしけって、着火しにくくなっている場合だ。これはプラグをはずして何度かリコイルスターターを引っ張れば乾く。プラグがちゃんと火花を飛ばすようなら、すぐにかかる場合がほとんどだ。早い話、混合気が供給されて、ちゃんと火花が飛んでいれば、たいていエンジンは動くものだ。

機械をバラしてから元どおりに戻せるか心配な方はデジタルカメラで逐次撮影して、部品がどうつながっているか記録を残しておけばいい。世話になっている自動車整備工場に婿として入った人も、整備は素人だったので、同じようにしていたという。人間考えることはだいたい同じだ。

最後は機械屋に

自分では手余しのときだけ機械屋の世話になる。やっかいな修理だけ頼むのでいい顔はされないが、機械屋の奉公になっていては百姓はメシが食えない。機械屋のほうがたいてい儲けているので、気にせずどうにもならない修理だけ頼もう。

その際、できれば修理後に、どこがどう悪くてどうやって直したか聞いておく。次に同じような故障が起きた際、自分で対処できる可能性があるからだ。

2 畑の借り方

中山間地のいいところ悪いところ

もともと農家の後継ぎの人はいいとして（私もそのはずだったのだが）、新しく農業を始める場合、農地を買える財力のあるヤツは、そうザラにいないだろうから、ふつうは借りることになる。私もすべて借地である（写真6―3）。

新規就農の場合、住宅地に使えそうな市街地に近い農地はまず借りられないから、北海道を除いて多くの場合、中山間地になる。残念ながら中山間地は平地に比べるといろんな面で条件が厳しい。たとえば、

1. 一枚当たりの耕地面積が狭く形もいびつ
2. 鳥獣害を受けやすい
3. 傾斜地が多い
4. 土手の面積が広く草刈りが大変
5. 土石流などの災害を受けやすい

いっぽう、いいことも少しはある。

1. 落差を利用して水を引きやすい
2. 条件の違いを利用して適地適作が

写真6－3　元水田なので用水から水がとれる畑（矢印）。サトイモを植え付け中

できる

3．洪水のように長期にわたって水に浸かる心配は少ない

畑は分散させる

要はデメリットに何とか対処しながら、限られた条件の中でうまく耕作していくしかない。理想の耕作条件など簡単に得られるはずがないからだ。そうした中でも有機栽培の場合、一カ所に集中して借りるより、あちこち分散して借りることをおすすめしたい。資材や機械の移動の手間がかかるのに、なぜそんな非効率なことをすすめるのかといえば、第1章で書いたとおり、病虫害に対して危険分散できるからである。

実際に栽培してみるとわかるのだが、畑が少し離れただけで病気や害虫の出方がまるっきり違うことがある。病虫害ほどではないが鳥獣害でも似たようなことがあるので、効率は悪くてもあちこちに畑があれば、いきなり全滅の被害は免れる。だから、農地はあちこちに借りておいたほうがいいのだ。

いい農地の見極め方

就農当初はロクな農地は借りられないと思ったほうがいいが、マトモに農業をやっているようだと認められると、使ってくれと、今度は断るのに苦労するぐらい声をかけられる。ただし、条件の悪い畑を借りると後々苦労するので、借り手市場のときはいい条件の農地を選んで借りること。

ちなみにいい条件の農地とは、「一に水はけ、二に日当たり、三四がなくて五に風通し」と覚えておけばいい（図6—3）。

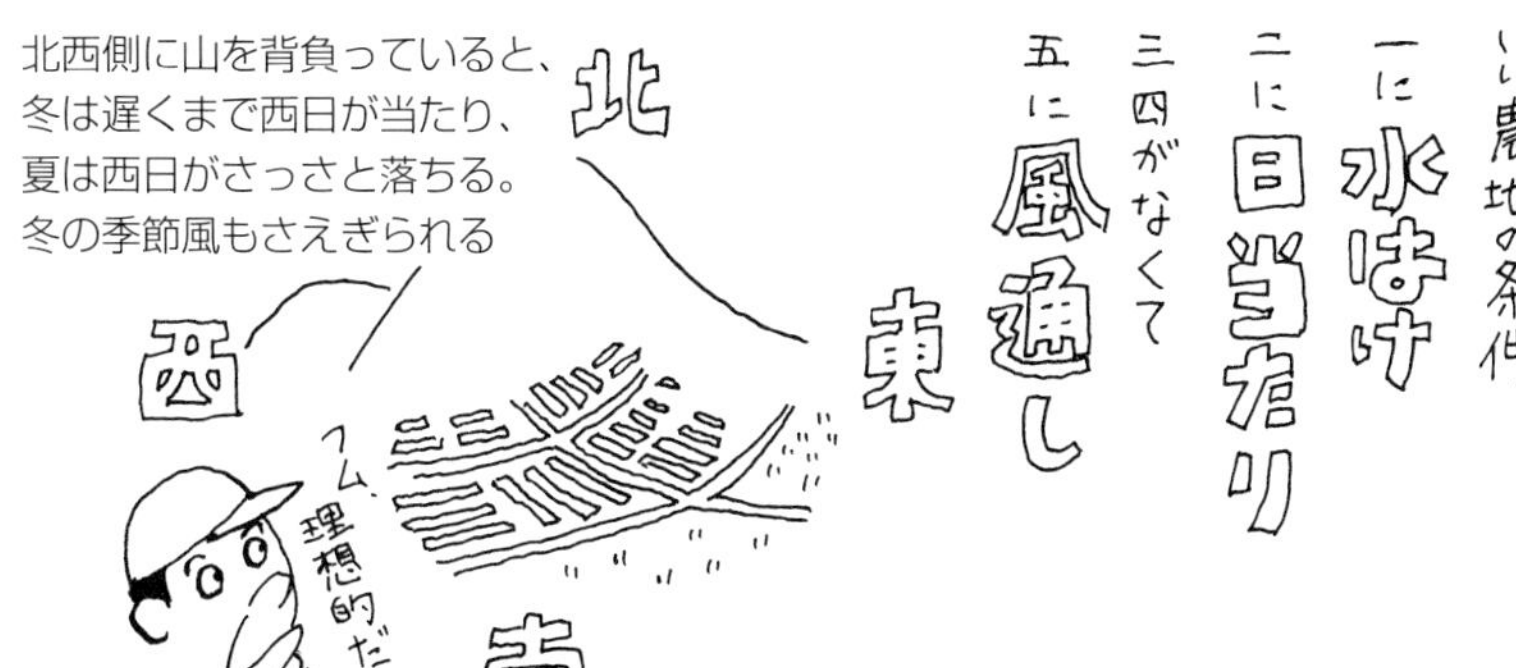

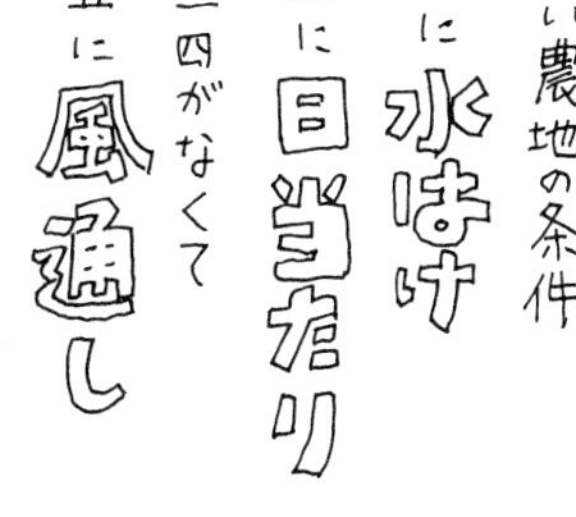

図6−3　いい農地の条件

水はけと日当たりは絶対である。風通しは重要なものも多いが、逆に強風に弱いものもあるので、絶対とはいえない。

水はけは、野菜の生育に必須であることに加え、適期作業の重要性を考えるとどうしてもはずせない条件である。

日当たりは、特に日照時間の少ない秋から冬にかけて日当たりがいいことが重要だ。冬は遅くまで西日が当たり、夏は西日がさっさと落ちれば理想的だ。北西側に山を背負っていると、こういう条件が成り立ち、冬の季節風もさえぎられる。

いい農地が借りられれば、栽培の苦労はぐんと減る。順調な生産はいい農地からである。

耕作放棄地の耕し方

今まできれいに使っていた畑を借りられれば手間いらずでいいのだが、多くの場合、一～三年耕作放棄した畑を借りることになる。それ以上放棄したものではススキや樹木が生えてきて、重機がなくては拓くのが大変なので、借りないほうが無難だ。

耕作放棄地の植生は一年草はほとんどなく、多年草が多い。この多年草を根絶やしにしなくては畑にならない。多年草には犂（プラウ）耕がいちばんである。耕耘機やトラクタに犂をつけ、反転耕する（深さ約二〇cm）。真夏の犂耕も乾燥で枯らせるが、真冬の犂耕も凍結で根を枯らせるので効果は高い。作業的には冬の犂耕がおすすめである。

多年草を枯らせば、今度は一気に一年草が復活する。ただし熟畑と違って、荒らしてあった畑は土壌病害やセンチュウによる汚染が少なかったりするので、雑草とやせ地対策さえできれば意外と野菜はよくできる。

やせた耕作放棄地には大量の堆肥が入れられれば理想的だが、実際には大変だ。地力的な肥効は米ヌカの予肥に任せ、根まわりだけモミガラ堆肥を使って、根圏環境を整えよう。

3 直売の方法

市場出荷と直売

百姓で手元にカネを残すためには栽培にカネを使わないことも重要だが、同時に上手に売ることも大切な要素である。

私も近所の農家から今だに「野菜、市場に持っていってるの?」と聞かれることがある。「いやあー、市場に持っていってもガソリン代も出ませんよ」と答えることにしているが、あながち冗談とはいえない部分がある。

三〇年以上前の話だろうと思うが、仲間の有機農家で、「市場に持っていったらホウレンソウ一把〇・五円だった」とか、芽キャベツ一・五円だったなんていうことを聞いた。一昔前とはいえ、その頃だって菜っ葉は一把一〇〇円ぐらいで売っていた時代だ。農薬をたっぷり使った「きれいな」野菜ならもう少し高い値がついたのかもしれないが、相当な腕を持っていたとしてもきれいな野菜がとれるとは限らない有機栽培では、市場出荷で生活するのはムリがある。もちろん農協出荷やスーパーなどとの契約栽培も同様である。

しかもこれらの販売方法では、まとまった量を作付けしなくてはならないが、規模が大きくなるほど生態系は不安定になる。スケールメリットどころか、逆に作付け

表6－1　直売の方法ごとの長所と短所

販売方法	長所	短所
直売所 ⇒販売委託	手間がかからない。野菜ができただけ出せばいい	手数料をとられる。情報のやりとりが困難。販売可能な生産量の調整が難しい
直売所 ⇒対面販売	お客さんと直接会話でき、何がほしいかがわかる	販売に時間をとられる。それ以外は販売委託に準じる。お客さんの声をゆっくり聞けない
宅配	計画生産ができ、ムダになる部分が少ない。情報の相互交換が簡単。手数料をとられない。直売所がなくても販売できる	一年中多品目の野菜を必要数量確保しなくてはならない。配達に時間がかかる
店卸	販売に手間がかからない。できただけ出せばいい	手数料をとられる。消費者との情報のやりとりができない

量の増加とともにリスクが増大するわけだ。

　だから、有機栽培にいちばん合った販売方法は、間違いなく直売である。

直売の方法ごとの利点と欠点

　ひとくちに直売といっても、私のように宅配中心の販売もあれば、直売所に販売を任せる方法、直売所で生産者本人が対面販売をする方法がある。私は直売以外に自然食品店に卸しているのが少しあるが、それらのメリット・デメリットを表にしてみた（表6－1）。

　私のように、近くに（一〇km以内に）直売施設のない者は宅配と店卸以外の選択肢を採用するのが難しい。私も以前は三〇kmほど離れた市の中心部に行って対面販売していたが、時間と燃料を使って行っても販売額が不安定で割に合わないので撤退した。やはりお客さんさえ確保できれば、宅配中心にするのが安定して生計を立てる上でのメリットがもっとも大きい。

　また、お客さんの要望も拾いやすく、生産者側の情報も伝えやすいので生産者と消費者の距離ももっとも近い。問題はいかに安定して生産物を確保するかである。

表6－2　じぷしい農園の販売価格例

品目	価格（1個）	品目	価格（1kg）	品目	価格（1kg）
ダイコン	¥150	キュウリ	¥300	ジャガイモ	¥200
キャベツ	¥150～250	トマト	¥500	サトイモ	¥400
ブロッコリー	¥150～200	ミニトマト	¥1000	サツマイモ	¥300～400
レタス	¥150	ナス	¥400	ナガイモ類	¥600～700
ハクサイ	¥150～250	カボチャ	¥300	ショウガ	¥1000
スイートコーン	¥100～150	ミニカボチャ	¥400	タマネギ	¥300
マクワウリ	¥150～300	エダマメ	¥600	ネギ	¥400～500
米ナス	¥100～150	グリーンピース	¥600～700		
ズッキーニ	¥100	スナップエンドウ	¥1000	品目	価格（1束）
		キヌサヤエンドウ	¥1500～2000		
		青トウガラシ	¥1500	ピーマン	¥100（/150g）
		ニンジン	¥400	コマツナ	¥150（0.2～0.3kg）
		カブ	¥250	ちぢみ菜	¥150（0.2kg）
		オクラ	¥1000	ホウレンソウ	¥150（0.2kg）
		サヤインゲン	¥1000	シュンギク	¥150（0.2kg）
		モロヘイヤ	¥500～750	チンゲンサイ	¥100～150（2株）
		クウシンサイ	¥500～600		

直売所では安売りしない

直売の場合、市場出荷と違い、ある程度自分で価格をつける自由がある。

もっとも、直売所で売る場合、他の出荷者の価格を無視することは難しいから、他の出荷者とさほど違わない値段をつけなくてはいけないが、なかにはとても元のとれないほど安く売られている場合がある。直売で生計を立てようとしている百姓には非常に迷惑である。こういった場合は、格安価格に合わせず、自分で元のとれる価格をつけるしかない。それで売れない場合は、そうした直売所からは撤退するか、話し合いで全体の価格を引き上げるべきだ。だいたい安さだけでお客が群がる直売所には卸さないのが賢明ともいえる。

自分でも買う気になる価格

問題は自分で宅配する場合の価格である。この場合は完全に自由に価格が設定できる。

基本的に、投下する資材や労働に見合った価格設定にすればいいが、そこが難しい。生産者仲間の組織でもあれば、仲間同士で価格設定ができる。私も以前所属していた「いわき生態農業研究会」で決めた価格を基にしているが、もうひとつの基準は、「自分でも買う気になる価格」である。

私のお客さんでも、医者や社長さんもいれば、一人暮らしの年金生活者もいる。金持ちに高く売りつければ儲かるかもしれないが、有機農産物を金持ちしか食えないものにしたくない。だから、自分でも買う気になる価格に設定するよう努力している。

参考までに私の現時点での販売価格を記しておこう（表6―2）。スーパーなどの野菜の価格と比べると、特売品に比べればずっと高いが、平常の価格よりは安いぐらいである。

4 百姓の収入だけで生活する

脱サラなどで新規就農する場合、とりあえずの目標は百姓の収入だけで生計を立てることだと思う。

独身の場合、いざとなれば極限までカネを使わなくても生きていけるのが百姓生活なので、比較的容易だが、家族がいるとそう簡単にはいかないだろう。家族全員が田舎の生活に同意してくれるとは限らないからだ。

家族が街の生活パターンを捨てられない場合、百姓で食っていくのはあきらめたほうがいいと思う。都会と同じような生活を続けようとすると、よほどの所得が得られない限り不可能だし、田舎に住むメリットもまったくないからだ。

できればバイトはするな

百姓で収入がないとき出稼ぎやアルバイトに出る人は多い。これが落とし穴で、野良仕事に割く時間が減って百姓がおろそかになる。このため農業収入がますます減って、バイトへの依存が増していくという悪循環になる。こうなるぐらいなら、ある程度収入がなくても生活できるようにしておいて、百姓に専念したほうがいい。逃げ道をつくらないほうが自分を追い込むことができる。バイトしながら農業を始めたやつで、専業として定着した者をほとんど見たことがない。

借金しないと生活が困難な場合は別として、原則的に兼業はおすすめできない。そもそも兼業では百姓の楽しみが半減する。

借金だけは絶対するな

農家の多くは農業機械をローンで買っている。でもこれは絶対にやめたほうがいい。

私も中学生のとき、オーディオ機器を買うのにローンを組んだことがある。当時はバイトで月三〜四万円稼いでいたから、月四〇〇〇円の支払いは簡単だと思っていた。ところが、さすがに高校受験が近くなってバイトを辞めたとたんに支払いが苦しくなって四苦八苦した。これがトラウマになって、以降奨学金以外の借金は分割払いを含めていっさいやっていない。

そもそも百姓のように収入が保証されていない者には後払いは危険すぎるのだ。農家で首をつる原因のほとんどは借金の返済困難だろう。買い物は、稼いでカネを貯めてからで十分。それまではあるもので何とかするか、他人から機械借りて急場をしのごう。百姓は現金決済。特に新規就農者は絶対に曲げられない原則である。

最初から道具をそろえる必要はない

農業機械は中古を自分で修理しながら使うべきだが、そもそも最初からそろえる必要はまったくない。

新規就農者の多くは初めからトラクタやいろいろな機械をそろえて始める。確かにいろいろ機械があると便利だし、でかい機械に乗っているとエラくなった気分になるのは事実だが、機械がカネを生んでくれるわけではないことに気がつかなくてはいけない。

私の場合、最初は鍬さえも借り物だった。確か初めて買った農具が石を掘り起こすためのツルハシと、雑草堆肥を切り返すためのフォークだった。耕耘機は近所に捨ててあったガソリンエンジンのものをいただいて自分で修理して使った。捨ててあるものを利用するぐらいでないと百姓では食っていけない。

ほしい機械を購入するなら、ちゃんと農業収入をあげてから買うべきで、少しぐらい営農資金に余裕があっても、最初は最小限の農具や機械で何とかするべきだ。

捨ててあるものを利用する

前述の耕耘機に限らず、捨ててあるものを利用すべきだ。

たとえば雑草。就農当初、有機肥料の入手に困った。このとき目に留まったのは刈り捨てられている雑草で、それをもらい受けて雑草堆肥に積んだ。土手やアゼの草を刈らせてもらって集めたこともあったが、いちばんいいのは刈られて放置してある草を集めるものだ。

ちなみに、今私が使っているコヤシの米ヌカや魚粉も、もともと廃棄物由来である。廃棄物はタダ同然でもらい受けられるので、高い売り上げを期待できない直売農家には必須の資材である。タダのものをねらわなくては百姓は食っていけない。

いい客を見つける

私の場合、宅配先を自分で働きかけて見つけたことは一度もない。すべてお客さんのほうから連絡をくださって配達を始めたところばかりである。その中の一部のお客さんが口コミで知り合いに声をかけて配達先を増やしてくれるというパターンで、ビミョーなバランスで配達軒数が維持されている。だから、この点に関して私の事例はあまり参考にならない。ただ、配達内容にある程度満足しているから口コミで広げてくれるのだと思う。配達を始めた当初は、いろんな会合に顔を出したりすると、顔を売るきっかけにはなるだろう。また、ホームページを利用して宣伝するのもある程度有効だ。

コミュニケーション能力を磨く

私のように野菜の宅配をしている農家で、配達が苦痛だという話をよく聞く。私は配達の用意では消耗するが、配達そのものはまったく苦痛を感じない。

図6−4　お客さんに自分の農園のファンになってもらおう

配達でお客さんと会うときは、お客さんとの貴重なコミュニケーションの機会である（図6―4）。お客さんの意見、感想、クレームが聞けるし、自分からお客さんに有用な情報を伝えることもできる。だいたい百姓は自分の野菜しか食わないから、他と比べてどうなのかはお客さんの声でしかわからないし、百姓しかわからない情報は自分から伝えなくてはいつまでも伝わらない。

最初は天気の話ぐらいでもいい。顔なじみになった頃にはつい話が長くなってしまうぐらいでないと、お客さんの生の声を拾うことができない。お客さんと長話ができるぐらいの知識と話術を磨こう。もっとも、長話しすぎて配達が遅れることもしばしばだが……。

通信を書こう

もっとも、立ち話では情報伝達に限界があるので、お客さんに届ける通信がほしい。私は配達を始めて二カ月後ぐらいから「百姓だより」という通信を週一回発行し、現在一三〇〇号ぐらいとなっている。

ちなみに、普段は百姓の苦労話や四方山話を書くのだが、これが原発事故後の情報提供で威力を発揮した。原発事故による農産物汚染のメカニズムや被害程度を詳しく知らせることによって、配達する野菜への不安を減らすことができた。自然食品店への納入が三分の一以下になったのと比べ、宅配は七割以上のお客さんが残ってくれたことを考えても、情報伝達がいかに重要かがわかる。

最後は味がものをいう

会話だの通信だのと書いたが、最後は味がものをいう。

有機野菜を買ってくれる方は、安全性が重要ということでとり始める方が多い。ただ、多くの場合安全性は空気のような存在で、あって当たり前ということに徐々になっていく。そこで、より重要になるのが味だ。安全は前提で、勝負は味ということになる。

味をよくする栽培法は各野菜の栽培の欄に詳しく書いたが、基本的には健康的に育てること。コヤシは多くも少なくもなく健康的に育て、鮮度のいい状態で届けることに尽きる。この本に書いたようにアミノ酸リッチな魚粉などを活用すればさらに糖度やアミノ酸量を増やすことが可能だ。もちろん私が書いた方法以外でうまい農産物をつくる方法はたくさんあるだろうから、いろいろ実験して最高の方法を見つければいい。

そして、お客さんに自分の農園のファンとなってもらい、そうしたお客さんの主治医ならぬ「主給農」を目指して、供給できる品目を増やしていこう。大規模化ならぬ多品目化がこれからの時代、農業（特に有機農業）で生きていくには、もっとも安定した方策であると確信している。

著者略歴

東山　広幸（ひがしやま ひろゆき）

1961年：北海道の稲作専業農家に生まれる。三男でありながら後継者として育てられるものの、実家は小学校卒業時に離農

1987年：大学院（理学研究科物理学専攻）修了後、福島県いわき市で百姓を始める。院生時代の専門は生物物理学で、タンパク質の構造と機能を研究

1992年：いわき市内で、より山間部の現住所に移転。現在の耕作面積は、田約50a、畑約60a。田の一部以外は無農薬・無化学肥料栽培の有機栽培。農産物の宅配で生計を立てている

本書の本文中に掲載されている写真は農文協の以下のサイトでカラーでご覧いただけます。

lib.ruralnet.or.jp/push/（2015年8月現在）

有機野菜ビックリ教室
米ヌカ・育苗・マルチを使いこなす

2015年 5月20日　第1刷発行
2017年 3月15日　第4刷発行

著者　東山　広幸

発行所　一般社団法人　農山漁村文化協会
郵便番号　107-8668　東京都港区赤坂7丁目6－1
電話　03(3585)1141（代表）　03(3585)1147（編集）
FAX　03(3585)3668　振替　00120-3-144478
URL　http://www.ruralnet.or.jp/

ISBN978-4-540-14190-4　DTP製作／㈱農文協プロダクション
〈検印廃止〉　印刷／㈱光陽メディア

製本／根本製本㈱
Printed in Japan　定価はカバーに表示
乱丁・落丁本はお取り替えいたします。

農文協の図書案内

農家が教える 桐島畑の絶品野菜づくり 1
基本技術と果菜類・豆類の育て方

桐島正一 著

一二〇〇円＋税

自然に育った野菜はしっかりしたタネが採れ、病害虫に強く、栄養価も高く美味。「野菜に素直に寄り添い、自然が持っている力を引き出し、人間はほんの少し手助けしてやるだけ」の有機・無農薬の絶品野菜づくりを伝授

農家が教える 桐島畑の絶品野菜づくり 2
葉茎菜類・根菜類の育て方

桐島正一 著

一五〇〇円＋税

著者は高知県の山間部で二五年余り野菜づくりをしてきた農家。大事にしているのが、追肥などのタイミングにつながる野菜の見方。野菜の色や大きさだけでなく、畑の条件、天気、野菜の個性などを把握してつかんだ見方が種類ごとにわかる

これならできる！ 自然菜園
耕さず草を生やして共育ち

竹内孝功 著

一七〇〇円＋税

草を刈って草マルチ、野菜の根に根性をつける種まき・定植・水やり・施肥・整枝法、緑肥やコンパニオンプランツとの混植・輪作、生える草でわかる適地適作など、野菜三七種のだれにもできる自然共存型の自然栽培法

図解 家庭菜園ビックリ教室

井原 豊 著

一八〇〇円＋税

家庭菜園での無農薬野菜つくりのための間作・混作技術、自然農薬オリジナルストチュウ、不耕起、肥料選び等、常識破りのアイデアてんこ盛り。トマト、ナス、イチゴ、ハクサイ、ジャガイモなど必須野菜三〇品目を詳述

新版 野菜の作業便利帳
よくある失敗一〇〇カ条

川﨑重治 著

一二〇〇円＋税

生育不良、病気、障害、……その背景にはちょっとした作業のミスや思いちがいがある。施肥、播種、苗つくり、植え方から日常管理まで、長年の技術指導でつかんだ作業改善のコツが満載

（価格は改定になることがあります）